JN260344

シリーズ21世紀の農学

東日本大震災からの農林水産業と地域社会の復興

日本農学会編

養賢堂

目　次

はじめに ……………………………………………………………………………… 3
第1章　農地おける塩害の概況とその修復 ……………………………………… 1
第2章　福島第一原子力発電所事故からの畜産業の復興のための
　　　　家畜や畜産物の放射性核種汚染の実証的調査研究 …………………… 21
第3章　水産業における震災からの復興 ………………………………………… 37
第4章　津波被災農地の雑草植生と復旧に向けた植生管理について ………… 53
第5章　東日本大震災からの復旧・復興を目指した研究開発 ………………… 73
第6章　震災復興を担う木造建築における地域材の活用の意義と可能性 …… 93
第7章　地域コミュニティの現状と再建をめぐる課題
　　　　〜2012年9月現在の状況〜 ……………………………………………… 117
あとがき …………………………………………………………………………… 133
著者プロフィール ………………………………………………………………… 137

はじめに

大熊幹章
日本農学会会長

　昭和4年に創設された日本農学会は，狭義の農学はもとより農芸化学・獣医畜産学・林学・水産学・農業工学・農業経済学，さらには生物生産，生物環境，バイオテクノロジー等に関わる基礎から応用に至る広範な分野をカバーする50の学協会を会員とする学術連合体です．日本農学賞の選定・授与など80年を越える活動実績を上げてきました．

　さて，一昨年，平成23年3月11日，東北地方太平洋沖で発生した巨大地震，続いて起こった大津波により東日本の沿岸地域を中心に農林水産業は未曾有の被害を受けました．その被害は農山村・漁村，市町村の地域社会にも大きく波及しました．大震災から1年半が経過し，被災地の復興が少しずつ進みつつありますが，未だ解決すべき多くの課題を抱えていることは事実です．一方，東京電力福島第一原子力発電所の事故については，放射性物質の放出，環境放射能の変動と分布，放射性物質の降下，森林，土壌の汚染などの状況がほぼ明らかにされ，各地域で除染作業などに手を付けられたところです．生活・産業両面における早期の復旧を具体化する段階に入りましたが，道遠しという状況です．

　そのような中で，農林水産業が受けた震災被害と放射能汚染という双方の問題に関して知見を集積してきた農学部門の各研究者は，震災発生直後から有益な情報の発信を続けると共に，政府の農林水産業関連被害調査の中心的な役割を果たし，また，関係都道府県が行う調査研究を積極的に支援してきました．

　日本農学会は，東日本大震災に関しても会員学会間の情報交換に努め，各学会

活動の集約，支援を行ってきたところです．平成23年には，会員学会の中から専門研究者に出ていただき，ワーキンググループを設置し，農林水産業が受けた被害の実態について「認識」と「理解」を共有し，今後の復旧・復興に対する「テクニカル リコメンデーション」を提言書に取りまとめました．これを平成23年11月17日付けで「東日本大震災からの復興へ向けて－被害の認識と理解，復興へのテクニカル リコメンデーション」と題して世の中に公表いたしました．

　さて，日本農学会では，その事業の一つとして日本の農学が当面する様々な課題をテーマに掲げ，そのテーマに精通した研究者・有識者にお願いし，学生・院生・若手研究者・そして農学に関心を持つ一般市民の方々を対象とするシンポジウムを平成17年度から毎年10月に開催してまいりました．平成24年度は上述の状況に鑑み，東日本大震災がもたらした農林水産業ならびに地域社会基盤に与えた被害の状況や復興における課題を取り上げ，秋のシンポジウムを開催することにいたしました．

　本シンポジウムでは，現場に精通した研究者・行政の担当者の方から，農林水産業と地域社会の両面について震災の被害やその後の産業・地域の復興状況を紹介すると共に，政策面を含めて今後に向けた取り組みについてご講演いただきました．大震災に対する農学の取り組みの状況，農学が担う使命，農学が果たす将来への可能性等について幅広く社会へ提言いたしたいと考えています．

　ここにシンポジウムの講演と討論の成果をまとめ，本書を刊行いたします．本書の刊行により，これらの問題に対する私たちの理解が一段と深まることを期待いたしております．

2013年3月

第1章
農地おける塩害の概況とその修復

南條正巳
東北大学大学院農学研究科

1. はじめに

　2011年3月11日午後2時46分,東北地方太平洋沖でマグニチュード9.0の巨大地震が発生した.震源域はたいへん広く,南北に約450km,東西に約200kmとされ,揺れは6分以上続いた.その数十分後,巨大津波が東日本の太平洋沿岸を襲い,多くの人命と資産が失われた.沿岸農地は海水をかぶり,建築物の破片や倒木などの瓦礫そして砂,泥などの津波堆積物に覆われた.

　その後の懸命な修復作業により,2012年4月20日の農林水産省報道発表によれば,津波被災地の営農再開可能総面積21,480haのうち,39％が2012年度までに復旧見込みとなった.県別にみれば,津波被災農地面積が14,340haと最大の宮城県では46.5％が復旧見込みとされた.2013年1月現在では,除塩作業まで至らず作付けはされていない所でも,農地に散乱した瓦礫の殆どが片付けられ,津波堆積物も大部分が除去された.被災農地の8割以上は水田であった.福島県沿岸部では津波被災に原発事故の影響が重なり,復旧が妨げられている.

　以下の2節と3節は主に2011年5月中旬に行った宮城県沿岸部の農地における広域調査での状況とそのときに得た土壌試料の分析結果である.この広域調査は5月11〜19日に行った.4節は個別の試験区も含めた塩害修復経過である.

　広域調査は1km²メッシュに占める農地の面積に応じて最大3圃場とし,合計344圃場を調査した.一つの圃場内では2カ所で採取した同じ層どうしを同量ず

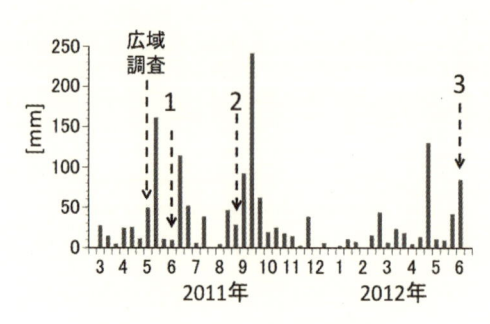

図1.1 仙台の旬別雨量（気象庁）
番号1, 2, 3は図1.7, 8の調査時期を示す．

つ混合してその圃場の試料とした．多くの場合，津波堆積物は砂によりその下の土壌と区別でき，1 cm以上の厚さで分かれていれば，泥質堆積物と砂質堆積物を分離して採取した．その下の土壌は一律に0-10, 10-20 cmを採取し，それぞれ第Ⅰ層，第Ⅱ層とした．

3月11日からこの調査が終わる5月中旬までの約2カ月間の降水量は合計約150 mmであった．そして，旬あたりの降水量は約50mm以下と大雨はなかった．しかし，その直後の5月下旬には約160 mmの大雨があった（図1.1）．

2. 土壌に対する津波の物理的影響

今回の津波の建築物に対する破壊力は甚大であった．これに対して，農地土壌に対する物理的被害は建築物に対するほど壊滅的ではなかった．多くの場合，津波は農地と衝突せず，農地の上を進むことが多かったためと考えられる．農地に対する津波の影響を図1.2に簡略化してまとめた．

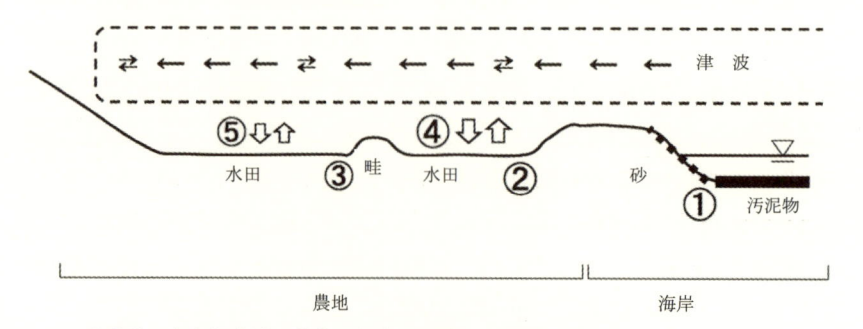

①②③：主な侵食域，④⑤：侵食＆堆積，化学的相互作用
図1.2 農地に対する津波の影響の模式図（南條, 2013）

農地における比較的大きな侵食域は海岸から約1km弱のところを海岸と平行して走る道路の陸側（図1.2の②）にあった．津波がこの道路を超えて農地に落下するときに強く侵食したと推察される（写真1.1）．その深さは水田の鋤床層よりさらに下まで及んだ．この道路より海側には，防潮林や各種建築物などがあり，農地はやや少ない．

写真1.1 津波が道路を超えた所での浸食（宮城県仙台市）（南條，2012）

同様の侵食は，規模が小さくなっていたが，さらに陸側で畦を超えた図1.2の③の位置にも認められた．この畦を超えた位置では鋤床が深く削られるほどではなかった．この他，海岸に近く，耕起済みの水田では作土が津波に削られた．例えば，写真1.2は津波堆積物である砂の直下は青色のグライ化した鋤床であり，作土はなくなっていた．

一方，耕起されていなかった水田では稲の刈り株が立っており（写真1.3, Nanzyo, 2012），作土の削剥は限定的であった．

津波が退いた跡には堆積物が残された．それは大まかに砂質堆積物と泥質堆積物に区分される．多くの場合，それらの厚

写真1.2 作土が侵食され，その上に砂質および泥質堆積物が堆積した（宮城県山元町）（南條，2012）

写真 1.3　耕起前の被災田面
（宮城県山元町）（南條，2012）

さは多様であったが，砂質堆積物の上に泥質堆積物が積層するという順であった（写真 1.2）．農地に関する当広域調査の範囲内では，津波堆積物の厚さの合計は最大 40cm 程度であった（宮城県農業振興課普及支援班，2011）．砂質堆積物は，海岸の①や農地土壌に含まれていた粗砂であると考えられる（Szczucinski et al., 2012）．泥質堆積物は，浅海底（特に津波が黒色であった場合）あるいは農地の作土の細粒部分が粗砂よりゆっくり沈降して粗砂の上に堆積した．泥質堆積物の粒径組成は細砂，シルト，粘土から成ると推測される．泥質堆積物は 5 月中旬の広域調査時に乾燥により固化気味であったが，砂質堆積物は固化せず，泥質堆積物は砂質堆積物の部分で剥ぎ取りやすかった．仙台湾岸の津波被災地では，これらの堆積物は④⑤等，ほぼ全面に分布するが，砂質堆積物は海岸側で厚く，泥質堆積物は津波浸入地域の中程で厚く，津波の進入した陸側の端では両者とも薄くなり，殆どない所もあった．2004 年のインド洋津波でも砂質の堆積物が広く認められた（Bahlbung and Weiss, 2007）．その砂は海岸から津波で侵食・運搬され，陸側に堆積したとされる（Srisutam and Wagner, 2010）．

　被災地の内陸側で海水のみが到達した耕起済みの水田表面において，乾燥時の土壌表面にクラスト様の状態も認められた．海水の殆ど及んでいない耕起済みの水田作土（写真 1.4 左）では，土塊が角張っている．これに対して，海水をかぶった同右は土塊の角がとれて丸みを帯び，土塊と土塊の間に一旦単粒化した土壌粒子が流れ込んで，土壌粒子で満たされ，しかもやや固まった状態であった．しかし，その固まった状態は表面のみであった．

写真 1.4 海水の影響が殆どない耕起済み田面(左)，海水をかぶった耕起済み田面(右)（宮城県名取市）（南條，2012）

　海岸沿いは標高が低く，以前から排水機により海とつながる運河（貞山堀）に排水しながら用水が使われていた．被災後，多数の小型ポンプが堤防上に並べて使われた．②の修復はまだ応急的で，農地の再基盤整備等も検討されている．

3. 農地における塩害の概況

　津波の農地に対する化学的な影響の主なものは水溶性塩濃度の上昇，交換性 Na の増加（イオン交換反応），養分元素と有害元素の添加，沈殿反応などである．水田ではかんがい水として，河川水が使われる．わが国では露地畑への水供給は降水が主である．両者に比べて海水は，表 1.1 に挙げたどのイオンの濃度も濃い．泥質堆積物など海水をかぶった土壌では NaCl 濃度が高まり，交換性 Na 含量もある程度増加した．しかし，海水の NaCl 濃度が極端に高いことを除けば，他の主な溶存イオンである K^+, Ca^{2+}, Mg^{2+}, SO_4^{2-} は植物の養分となる．Cl^- も濃すぎなければ，必須微量元素の一つである．泥質堆積物の窒素やリンなどの含量も高めであることが少なくない．これらは農地の養分状態を高める方向に働く．その一方，負の影響として泥質堆積物には有害元素や硫化物が過剰に含まれることも懸念された．

表1.1 海水と河川水の溶存イオン濃度

	平均海水	国内9河川平均
	mM	mM
Cl^-	545.0	0.17
SO_4^{2-}	28.2	0.18
HCO_3^-	2.38	0.22
Na^+	468.0	0.26
K^+	10.2	0.03
Ca^{2+}	10.2	0.26
Mg^{2+}	53.2	0.10
	Stumm & Morgan 1996	国立天文台 1989

仙台湾岸被災地では津波の影響範囲が東西方向にも4〜5kmに及んだ。この地域における津波堆積物およびその下のEC(1:5)の垂直分布を見ると、泥質堆積物は、砂質堆積物より高い値（表1.2）で、第Ⅰ層、第Ⅱ層となるにつれて低下する傾向であった（菅野, 2012）。したがって、この調査の時点では泥質堆積物に水溶性塩類が集積していた。泥質堆積物の表面には白色の塩類が析出している圃場も少なくなかった。そして、同地域における津波堆積物のEC(1:5)値の水平分布を見ると、沿岸部よりもやや内陸部に高い値が多かった。これらの高いEC(1:5)値は泥質堆積物の厚い地域であった（菅野, 2012）。Cl, S含量にもこれらのEC(1:5)と同様の傾向が認められた（Chagué-Goff et al., 2012）。

試料中の主な水溶性陽イオンとなる元素はCa, Mg, K, Naの4つである。これらの水溶性元素の構成割合を平均海水（表1.1）と比べると、Caが海水より高い傾向であった。この傾向は農地土壌中で普通最も多い交換性Ca^{2+}の一部が海水中のNa^+と交換して溶出した可能性が考えられる（図1.3）。また、後述のように津波堆積物中には石膏（$CaSO_4 \cdot 2H_2O$）の結晶が認められたが、石膏は水に約0.2％溶けるので、水溶性カルシウムには乾燥の過程で沈殿した石膏の少なくとも一部は含まれる。なお、これら4つの水溶性元素の電荷合計は水溶性 Cl^-,

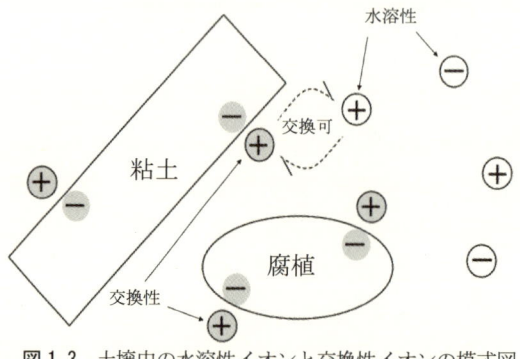

図1.3 土壌中の水溶性イオンと交換性イオンの模式図
（南條, 2011）

SO_4^{2-}(秋田ら,2012)の電荷合計とほぼ一致した．また，以上の4つの陽イオンの電荷合計と2つの陰イオンの電荷合計は，EC(1:5)値とほぼ同じ緩やかな曲線関係にあった．

　土壌の交換性 Na の増加に伴う土壌の物理性悪化を表現する指標として，陽イオン交換容量(CEC)に対する交換性 Na の電荷の百分率(ESP)が用いられる．ESP が 15 ％以上になると団粒状態になっている土壌粒子が単粒化し，大雨が降れば濁り水になりやすく，濁り水が乾燥すると固化するなどの土壌の物理性悪化が顕在化するとされる．ここでは陽イオン交換容量を測定していないので，ESP の計算に用いられる CEC の代わりに 4 つの交換性イオンの電荷合計を分母に用いて，交換性 Na の電荷百分率（Na 電荷率）を算出した．農地土壌の交換性 Na の含量は普通の土壌診断では測定されないが，交換性カリウムと同レベルかまたはそれ以下と見られる．

　写真 1.4 は上記のような土壌に対する Na^+ の影響と考えられる状況である．それらの数値データをみれば，写真 1.4 左は海水が殆ど到達せず，作土の電気伝導

表 1.2　宮城県の農地における津波堆積物の性質
（宮城県農業振興課普及支援班，2011）

		泥層(1 cm以上)			砂層(1 cm以上)		
	調査地点数	泥層が1cm以上地点数	$pH(H_2O_2)$ 3未満地点数	EC dS/m	砂層が1cm以上地点数	$pH(H_2O_2)$ 3未満地点数	EC dS/m
気仙沼市	23	10	0	4.5	13	0	2.1
南三陸町	15	7	0	0.8	11	0	0.5
東松島市	12	9	0	19.9	10	0	3.5
石巻市	11	7	0	8.9	3	0	6.6
松島町	3	3	3	31.1	0	-	-
多賀城市	6	1	0	8.2	1	0	2.0
七ヶ浜町	5	5	0	29.7	5	0	5.3
仙台市	61	34	0	9.4	34	0	1.8
名取市	50	22	13	11.7	16	4	3.4
岩沼市	31	17	3	14.3	16	1	5.0
亘理町	88	39	16	15.9	32	2	3.6
山元町	39	28	9	14.3	28	1	2.1
計	344	182	61	平均13.0	169	8	平均3.0

度(EC(1:5))は 0.06 dS m^{-1}, Na 電荷率も 1.8 % と低い耕起済みの水田表面で, 土塊に物理性悪化の兆候はない. これに対して同写真 1.4 右は, この地点に近いが, 海水をかぶり, 第 I 層全体としての EC(1:5) は 1.23 dS m^{-1} と高めで, Na 電荷率も 23 % とやや高い水田である. 耕起済み土塊に関する写真 1.4 の観察は, これらの性質を持つ第 I 層の表面部分に雨水がかかって起こったと考えられ, 観察と測定値に対応が見られる.

　Na 電荷率を平均値として見るなら, 津波堆積物で 18 %, 第 I 層で 18 %, 第 II 層で 11 % であった. 有機物を含む普通の作土では, 土壌有機物などの変異荷電の性質のため, CEC は交換性イオンの電荷合計より大きくなる傾向である. そのため, Na 電荷率は ESP より大きめになっている. しかし, 乾燥地の塩類土壌では ESP が 77 % に及ぶ例 (ISSS Working Group RB, 1998) もある中で, Na 電荷率は津波堆積物でも最大 44 % であった. 海水を受けた土壌の ESP がそれほど高まらないという報告は他にもある (吉村, 2001). 上記の Na 電荷率は土壌の物理性悪化が懸念される状況に達しているが, その境界を大きく越えてはいないと見られた.

　津波堆積物に関する次の懸念として, 有害元素の過剰が考えられた. 土壌汚染

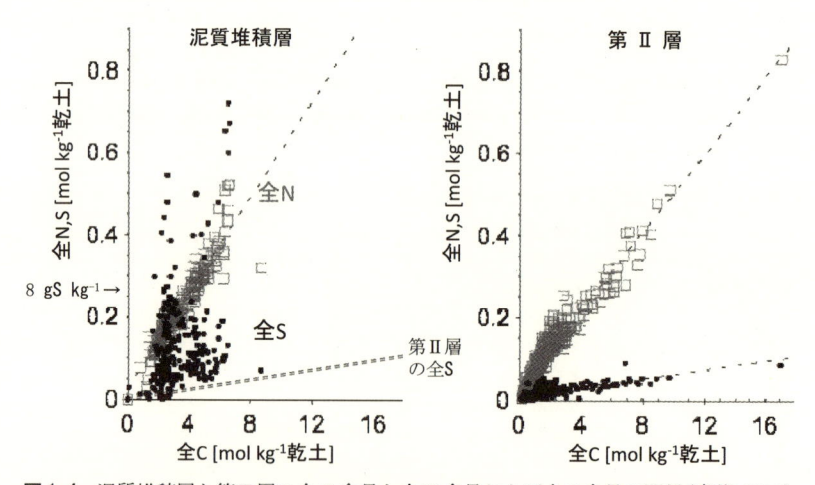

図 1.4　泥質堆積層と第 II 層の全 C 含量と全 N 含量および全 S 含量の関係 (南條, 2012)

防止法の定める特定有害元素について，1カ所の津波堆積物に含まれるヒ素を除いて，Cd，Cu とも基準を超えないと見られた．その1カ所の津波堆積物の厚さは1cm と薄く，基準越えの度合いも大きくはなく，問題は殆どないと見られた（宮城県農業振興課普及支援班，2011）．

津波堆積物に関するその他の懸念は硫化物含量の過剰であった（伊藤，2012）．その可能性を探るために津波堆積物の過酸化水素 pH（$pH(H_2O_2)$）が測定された．硫化物が多量に含まれると過酸化水素で酸化されて硫酸が生成し，$pH(H_2O_2)$が低下する．表1.2 には $pH(H_2O_2)$ が3未満の地点数を表示している．$pH(H_2O_2)$値も砂質堆積物より泥質堆積物で高い傾向が仙台湾岸で少なからず認められた．

試料の全 S 含量を見ると，図1.4 のように泥質堆積物と元の土層との間に違いが認められた．第Ⅰ層，第Ⅱ層の全 S 含量は全 C，全 N 含量と相関が強く，これらの土層の S は有機態が主であると見られた（図1.4 右）．これに対して，泥質堆積物では様々な割合で全 S 含量が高まり（図1.4 左），無機態 S の存在が示唆

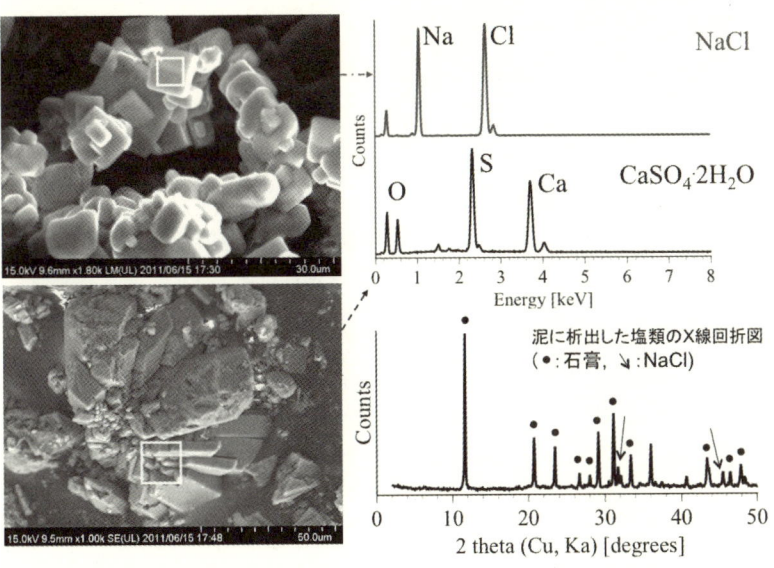

図1.5 泥質堆積物表面に析出した NaCl（左上）と石コウ（左下）の走査電子顕微鏡写真，選択領域（白線の囲み）のエネルギー分散型 X 線分析（右上），析出した塩類の X 線粉末回折パターン（右下）．（南條，2012）

された.

　泥質堆積物表面に析出した白色の塩類を走査型電子顕微鏡(SEM)で調べると，サイコロ状のNaClの結晶の他に棒状の結晶が少なからず認められた．それはエネルギー分散型X線分析とX線回折から石膏であった（図1.5）．石膏は海水そのものが濃縮されても沈殿しうるが，農地土壌からNa^+と交換して溶出されたCa^{2+}が海水中に多く含まれるSO_4^{2-}と結合して沈殿する反応も関与した可能性が考えられる．容器内で水田作土に平均海水（表1.1）を調製して加えた後，風乾すると土の表面にはNaClと石膏の結晶ができることを確認した．石膏は交換性Naの増加を下げる方向に働き，除塩作業においても粘土粒子の分散を抑制する方向に作用する．

　津波堆積物の全S含量を水溶性SO_4^{2-}含量（秋田ら，2012）と比較すると，8 g kg^{-1}付近までは水に約0.2%溶ける石膏である可能性がある．しかし，このレベ

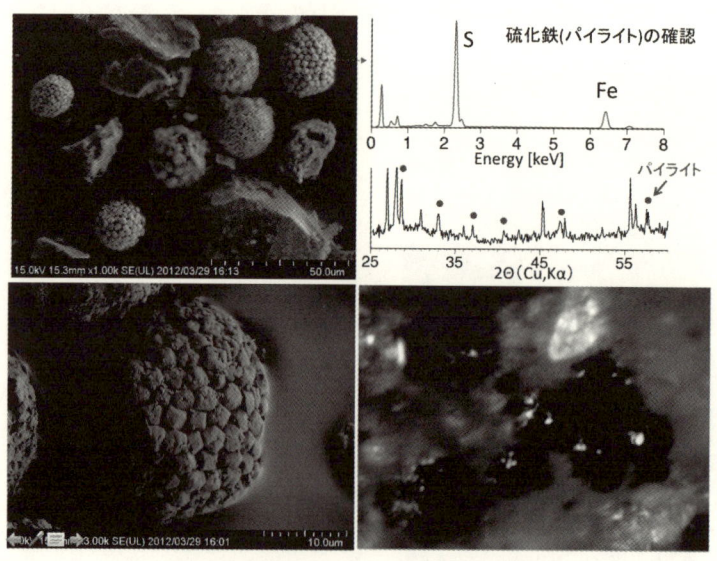

図1.6　全イオウ含量の多い津波堆積物中に認められたフランボイダルパイライトの走査電子顕微鏡（SEM）像（左上）とその拡大SEM像（左下）．フランボイダルパイライトのエネルギー分散型X線スペクトル（右上の上部）と硫化物濃縮画分のX線回折図（右上の下部）およびフランボイダルパイライトの実体顕微鏡写真（右下）．（南條，2012）

ルを超える試料に含まれる無機態Sの化学形態の一つとして硫化物が考えられた．それらの中の4試料をKOH処理後比重分画により重画分を取ると，それら4試料の中にフランボイダルパイライトが認められた（図1.6）．これは①の浅海堆積物または②の深部などに含まれていた可能性が考えられるが，仙台平野の津波堆積物には海底泥質物が少ないと見られている（Szczucinski et al., 2012）．宮城県では津波堆積物が厚ければそれを除去した後に除塩作業が実施されている．それに伴い，硫化物の酸化による酸性化の問題は緩和された．

4. 土壌の修復と作物栽培

上記の検討の結果から，海水の入った土壌での作物栽培における主な問題点は水溶性塩濃度が高いことと交換性Naの過剰である．広域土壌調査の時点では特に泥質堆積物の塩濃度が高かったが，下層土の塩濃度上昇はそれほどでなかった．このような状況下で，塩害によるイチゴの枯死が報じられる中，大麦は津波堆積物の上に伸びて穂を付け，その耐塩性が目を引いた．

アブラナ科作物は稲より耐塩性が強めで，津波被災地での栽培が試みられた（中井, 2012）．津波堆積物が少なく排水のよい畑地では降水による除塩が進み，2011年6月14日には塩濃度が充分低下し，その畑地では菜種が順調に生育した．一方，その近くの水田の泥質堆積物中における塩濃度は同日でもまだ高かった（図

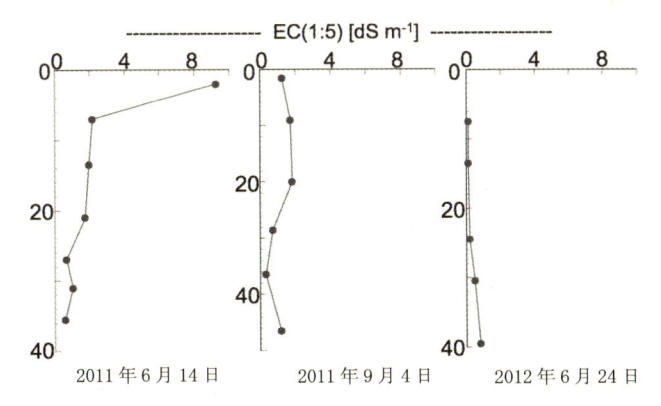

図1.7 土壌 EC(1:5) の垂直分布（縦軸は深さ[cm]）における時間変化の事例．2011年9月4日以後に津波堆積物（左，中のグラフの最上位点）は除去された．

1.7 左）．粒度の細かい泥質堆積物ではイオンの拡散が遅いためと推察される．この時点での津波堆積物をポットに詰めて菜種の苗を移植したところ，その苗は枯死した（中井，2012）．同年9月4日になると，泥質堆積物のEC(1:5)がある程度低下した（図1.7 中央）が，その水田では泥質堆積物を除去した後に菜種を栽培した．津波堆積物の下の作土では2011年6月14日時点でEC(1:5)値が約2 dS m^{-1}であったが，菜種の苗はこの状態の土を詰めたポットでは生育可能であった．ナタネは冬期に白鳥の食害を受けたが，茎と葉柄は残り，2012年6月末に収穫に至った．この時期には津波堆積物は除去済みだが，その下の土層のEC(1:5)値も充分低下した（図1.7 右）．この時期までの降雨の経過は図1.1 であり，この水田では自然の雨のみによって1年半の間に水溶性の塩類は充分抜け，2012年におけるこの水田の除塩作業は必要なかった．

　積極的に降水を利用する除塩試験を岩沼市の阿武隈川下流域にある排水不良のグライ低地土水田において試みた．この水田は2011年11月16日時点でも津波堆積物を含む水田作土のEC(1:5)値が1.3〜3.8 dS m^{-1}であった．しかし，2012年4月から周囲に排水溝を掘り，耕起を繰り返すことにより同年8月23日には0.6 dS m^{-1}以下に低下した．

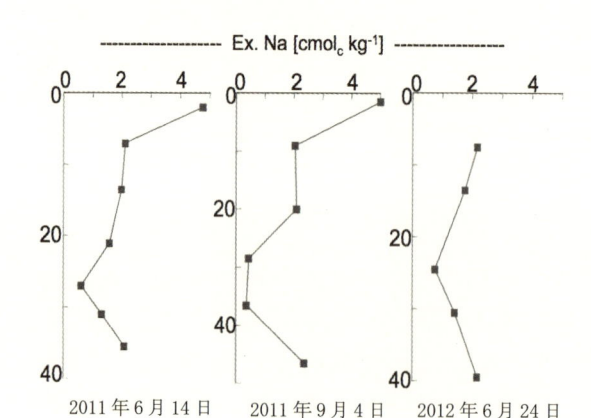

図1.8 交換性 Na 含量の垂直分布（縦軸は深さ[cm]）における時間変化の事例．
2011年9月4日以後に津波堆積物（左，中のグラフの最上位点）は除去された．

　交換性 Na の過剰は，前述の物理性の悪化の他に作物の種類によっては陽イオンバランスの悪化，特にCa^{2+}の不足を引き起こす可能性がある．海外では数種の果樹において交換性 Na の過剰に対する感受性が高いとされる（Levy, 2000）．

　交換性 Na は雨水だけではあまり減少しに

くい（今関，2012）．例えば，図 1.8 は三つの時点における交換性 Na の垂直分布である．これらは図 1.7 に示した EC(1:5)の垂直分布に対応している．2011 年 9 月 4 日における津波堆積物の EC(1:5)は大部減少した．しかし，この日の交換性 Na（図 1.8）はまだ高いままである．このような傾向は津波堆積物だけでなく，その下の土壌においても同じで，2011 年 6 月 14 日と同年 9 月 4 日の交換性 Na 含量の変化は殆どない．翌年 6 月 14 日には EC(1:5)はさらに低下したが，津波堆積物が取り除かれた後でも土壌の交換性 Na 含量はあまり低下しなかった（図 1.8）．この問題は今後も続き，作物の生長点等に Ca 欠乏症状が出る場合には Ca 資材の補給が必要である．

　雨水はごく薄い炭酸水で，長い時間が経てば土壌を酸性化させるが，短期的には交換性イオンの状態を大きく変化させるには及ばない．固相表面のイオン交換反応は液相のイオン濃度およびイオンの交換基に対する親和性に関係してその進行の度合いが変わる．液相中の濃度の薄いイオンや交換基に対する親和性の低いイオンとの交換反応は進みにくい．

　河川水は電荷濃度としてみれば Ca^{2+} が Na^+ より高く（表 1.1），河川水のかんがいにより交換性 Na 含量は，長期間を要するかも知れないが，次第に低下すると予想される．交換性 Mg, K も津波を受けて微増傾向であった．表 1.1 の 4 つの陽イオンについて（海水/河川水）の比を計算すると Na^+ は 4 桁，Mg^{2+}, K^+ は 3 桁だが，Ca^{2+} は 2 桁の倍率である．水田は普通かんがいに使われる河川水と交換平衡にあるとすれば，海水が入って倍率が最大の Na^+ が交換基側に移行し，倍率が低い Ca^{2+} だけが液相側に放出される結果となっている．しかし，一般的には Ca^{2+} の方が Na^+ より交換基に対する親和性が高いので Na 電荷比は最大 44 ％ に留まったと解釈される．

　除塩の過程では土壌 pH も上昇傾向にある（上山，2012）．これは，塩濃度が上昇したときに粘土粒子表面や腐植の解離基が解離した $-O^-$ が，塩濃度の低下に伴い $-OH$ に変わり，液相中に OH^- が残るためである．この場合，これらの解離基に親和性の高い Ca^{2+} を供給する石膏を施与すること（三宅ら，1988）で一部の $-OH$ が $-O^-$ に変わり，H^+ が放出されて Ca^{2+} が保持されるため，pH は上がりにくい．

水田におけるCd汚染対策の一つとして行われた石灰資材を施与して土壌pHを上げる試験によれば，pH7.1（風乾土での値）程度では稲の生育に大きな問題はなかった（糟川ら，2012）．

2011年6月20日に農林水産省から除塩マニュアルが公表された．また，石巻の津波被災地の一部で除塩と水稲栽培が行われ，泥質堆積物を鍬込んだ場合可給態窒素の発現増加も報告された（佐藤，2012）．NaClが除去されれば，各種養分元素の添加効果の発現もありうる．初期に沈降しにくい泥水が認められたとの観察も聞かれ，土壌の物理性悪化は若干あると推測される．石巻市で一旦除塩された後に水稲栽培されたが，かんがい水に海水が混入し，稲が枯死した事例が報じられた．その他には，2012年における除塩後の水稲生育に，大きな問題はなかったようである．一方，転換畑では蒸発散量が多い場合の一旦下層に移動した塩類の再上昇事例（星，2012），野菜畑ではクラストの形成事例（大鷲，2012）が報告された．

今回の大震災以前にも高潮等による海水流入や潮風害に関する塩害対策および干拓地の除塩過程とその研究成果は，各方面からウェブサイト，新聞を含め多数示されている（例えば，米田，1958a,b,c；三宅，1988,1991；佐藤，1990；福島県，2004；熊本県農業研究センター，2001；熊本県農政部，2001；木田他，2007a,b；中田，2011,他）．それらによれば土壌の除塩方法には，海水があれば排水する，被覆物が厚ければ除去する，溝切り-湛水-排水，湛水-暗渠排水，湛水-代掻き-排水などがある．

津波直後の海水による影響が土壌のごく表層に留まる事例は2004年12月のインド洋津波でもタイの樹園地土壌で報告された（Nakaya et al., 2010；赤江ら，2010）．そして，その塩分の大部分は次の雨期に溶脱し，油ヤシとキュウリはほぼ正常に生育した(Nakaya et al., 2010)．ランブータンは津波被災後に枯れる中で，ゴムの木は樹勢と樹液の質が低下する程度であったが，その塩害の影響は雨期後も残った(Nakaya et al., 2010)．インド南東部海岸(Kume et al., 2009；Chandarasekharan et al., 2008)，アンダマン島南部(Raja et al., 2009)でも雨期を経た翌年には多くの地点で土壌の塩濃度が大きく低下したが，地下水の塩濃度は高かった(Chandarasekharan et al., 2008)．アチェ（インドネシア）の津波後

の土壌中における塩分の挙動は様々で，透水性の低い水田では相対的に塩分が抜けにくい傾向であった（Macleod et al., 2010）．津波被災土壌で栽培した稲の耐塩性品種は対照品種より収量が高かった（Reichenauer et al., 2009）．この他，インド洋津波の泥質堆積物にはリンもやや多く含まれる（Agus et al., 2012）．

5. おわりに

　地質学の研究成果や地元の歴史研究家によれば，仙台平野は数百年～千年に1回程度の頻度で繰り返し大津波に被災してきた（Sugawara, 2012；澤井ら，2006；Minoura et al., 2001；飯沼，1995）．仙台湾岸には，今回の津波被災農地の深さ30～40cm付近に，今回の砂質津波堆積物とよく似た砂の層が認められる．この砂質の土層は点在する灰白火山灰の下にあり，約千年以前の津波堆積物であると推察される．この砂の層は今回の雨水による自然の除塩の過程で排水の促進に役だった可能性も考えられる．

　今後も同様の頻度で津波災害を受ける可能性は続く．また，大津波はもっと近い将来，他の地域で起こる可能性もある．それらに備えて，今回の各方面での経験を最大限に生かせるよう記録の整備が望まれる．

　乾燥地には塩類集積土壌が認められる．米国の土壌分類（Soil Survey Staff, 1999）によれば，それらに関して2種類の特徴土層が設定されている．それらは水溶性塩類含量の高いサリック層と粘土が移動集積したNa飽和度の高いB層（ナトリック層）である．サリック層の基準は主にNaClの高度に集積した層が通常の1年間に積算90日以上の間15cm以上の厚さで存在することである．ナトリック層の化学的基準は「ESPが15％以上」である．世界土壌照合基準（IUSS Working Group WRB, 2006）には32種類ある最上位カテゴリーの中にソロンチャク（高度に水溶性塩類の集積した厚さ15cm以上の表層を持つ）とソロネッツ（Na飽和度の高い粘土集積したB層または下層に塩類が集積）が設定されている．ESPが50％以上の塩類集積土壌も少なくない（ISSS Working Group RB, 1998；Srivastava et al., 2011）．

　今回の広域土壌調査から推測すると，ESPが15％を超えた部分はある．しかし，粘土の移動集積が明確な例はないと思われるのでナトリック層は存在せず，

NaCl含量の高い泥質堆積物は15 cm以下で，砂質堆積物が15 cm以上の地点はあったが，砂質土壌からは2011年6月14日までにEC(1:5)が0.4 dS m^{-1}以下に下がった．排水がよければ，わが国の気候条件ではサリック層やソロンチャクのような状態は長く続いていない．

今後の課題として，かんがい水や天水による除塩後も残る交換性Naが作物栽培上どの程度Ca欠乏などを引き起こすかどうか，沿岸部の地盤沈下等に伴う地下水の塩濃度上昇がある場合の用水システムの改善，排水システムと排水機場の強化，転換畑等における蒸発散による塩類の上昇などが考えられる．

謝辞：広域土壌調査試料の水溶性 Cl, SO_4 含量および EC(1:5)は東北大学大学院農学研究科栽培植物環境科学講座で測定された．そして，ご支援・ご協力を頂いた宮城県，仙台市，(独)科学技術振興機構，被災地農業者，(株)朝日工業，(株)環境科学コーポレーション，(株)クレハ，大林組技術研究所，内藤記念科学振興財団，東北大学大学院農学研究科他の方々に厚く謝意を表する．

引用文献

Agus, F., A. Rachman, Wahyunto, S. Ritung, M. Mcleod and P. Slabich 2012. The dynamics of tsunami affected soil properties in Aceh, Indonesia, Journal of Integrated Field Science. 9：11-20.

赤江剛夫・濱田浩正・諸泉利嗣・石黒宗秀・守田秀則・中矢哲郎 2010. 2004年インド洋津波による農村地帯の農業被害実態と復旧対策，農業農村工学会誌 78：775-778.

秋田和則・千葉ゆか・菅野均志・髙橋 正・南條正巳・斉藤雅典・伊藤豊彰 2012. 平成23年（2011年）東北地方太平洋沖地震津波の宮城県沿岸部農地への影響　津波堆積物の過酸化性硫黄，日本土壌肥料学会講演要旨集，第58集，p.98.

Bahlbung, H. and R.Weiss 2007. Sedimentology of the December 26, 2004, Sumatra tsunami deposits in eastern India (Tamil Nadu) and Kenya, International Journal of Earth Science. 96：1195-1209.

Chagué-Goff, C., A. Andrew, W. Szczuciński, J. Goff and Y. Nishimura 2012. Geochemical signatures up to the maximum inundation of the 2011 Tohoku-oki tsunami-Implications for the 869 AD Jogan and other palaeotsunamis. Sedimentary Geology. 282：65-77.

Chandarasekharan, H., A. Sarangi, M. Nagarajan, V. P. Singh, D. U. M. Rao, P. Stalin, K.Natarajan, B.Chandrasekaran and S. Anbazhagan 2008. Variability of soil-water quality due to Tsunami-2004 in the coastal belt of Nagapattinam district, Tamilhadu, Journal of Environmental Management. 89：63-72.

福島県 2004. 塩害, 平成16年度福島県稲作・畑作指針, 217-219.
星 信幸 2012. 土壌塩分濃度の動態と作物への影響（大豆）, 農業の早期復興に向けた試験研究成果報告会～宮城県試験研究機関・東北大学大学院農学研究科連携プロジェクト～, 資料, 2012年2月22日.
飯沼勇義 1995. 仙台平野の歴史津波, 1-234, 宝文堂, 仙台.
今関美菜子 2012. 亘理地域における津波被災ほ場の定点継続調査結果, 農業の早期復興に向けた試験研究成果報告会～宮城県試験研究機関・東北大学大学院農学研究科連携プロジェクト～, 資料, 2012年2月22日.
ISSS Working Group RB 1998. World reference base for soil resources : Atlas (E.M.Bridges, N.H. Batjes and F.O. Nachtergaele, Eds.) ISRIC-FAO-ISSS-Acco. Leuven. 79pp.
伊藤豊彰 2012. 津波堆積泥土に含まれる硫黄化合物の問題, 農業の早期復興に向けた試験研究成果報告会～宮城県試験研究機関・東北大学大学院農学研究科連携プロジェクト～, 資料, 2012年2月22日.
IUSS Working Group WRB 2006. World reference base for soil resources 2006, World Soil Resources Reports No. 103. FAO, Rome.
上山啓一 2012. 園芸土壌調査と今後の作付け対策, 広域土壌調査による津波被災土壌の塩類状態の解析, 農業の早期復興に向けた試験研究成果報告会～宮城県試験研究機関・東北大学大学院農学研究科連携プロジェクト～, 資料, 2012年2月22日.
菅野均志 2012. 広域土壌調査による津波被災土壌の塩類状態の解析, 同上.
糟川昂仁・千葉美和・鈴木静男・荒井重行 2012. 炭カル施用によるイネのカドミウム吸収抑制効果と生育影響（2）-圃場による実証試験-, 日本土壌肥料学会東北支部大会, 平成24年度青森大会, プログラムおよび講演要旨 p.5.
木田義信・佐々木園子・佐藤正一 2007a. 土壌塩分が水稲苗の活着に及ぼす影響, 東北農業研究 60：35-36.
木田義信・佐藤正一・佐藤紀男 2007b. 福島県南相馬市北海老地区の高潮流入による塩害の実態 第1報 高潮流入後の土壌塩分の推移, 東北農業研究 60：33-34.
国立天文台 1989. 理科年表 668.
熊本県農政部 2001. 平成11年9月24日の台風18号による農作物等被害状況及び対策, 130pp.
熊本県農業研究センター 2001. 平成11年台風18号塩害対策試験成績書, 81pp.
Kume, T., C. Umetsu and K. Palanisami 2009. Impact of the December 2004 tsunami on soil, groundwater and vegetation in the Nagapattinam district, India, Journal of Environmental Management. 90：3147-3154.
Levy, G.J. 2000. Sodicity, Handbook of Siol Science, G-27-63, CRC Press, Boca Raton
McLeod, M.K, P.G. Slavich Y.Irhas, N.Moore, A.Rachman, N.Ali, T.Iskandar C.Hunt and C.Caniago 2010. Soil salinity in Aceh after the December 2004 Indian Ocean tsunami, Agricultural Water Management. 97：605-613.
三宅靖人 1991. 塩害地水田土壌の除塩に及ぼすかんがい水の効果, 岡山大農場報告 13・14：1-2.
三宅靖人・下瀬 昇・河内知道 1988. 笠岡湾干拓地畑土壌に対する土壌改良資材の除塩効果, 岡山大農学報 72：77-87.

Minoura, K., F. Imamura, D. Sugawara, Y.Kono and T.Iwashita 2001. The 869 Jogan tsunami deposit and recurrence interval of large-scale tsunami on the Pacific coast of northeast Japan, J. Natural Disaster Sci. 23：83-88.
宮城県農業振興課普及支援班 2011. 津波被災農地に堆積した土砂の調査結果（速報値）について，平成23年7月21日　記者発表資料.
中井　裕 2012. 津波塩害農地復旧のための菜の花プロジェクト，農業の早期復興に向けた試験研究成果報告会～宮城県試験研究機関・東北大学大学院農学研究科連携プロジェクト～，資料, 2012年2月22日.
中田　均 2011. 海水の浸水被害を受けた水田土壌の塩類滞留実態と水洗浄による除塩対策のモデル的解析, 富山県農総研研報 2：27-37.
Nakaya, T., H. Tanji, H. Kiri, and H.Hamada 2010. Developing a salt-removal plan to remedy Tsunami-caused salinity damage to farmlands：Case study for an area in Southern Thailand, JARQ. 44：159-165.
南條正巳 2011. 津波をかぶった土の概況と修復, まなびの杜, 東北大学広報誌, 2011 夏号, p.7.
Nanzyo, M. 2012. Impacts of tsunami (March 11, 2011) on paddy field soils in Miyagi Prefecture, Japan. Journal of Integrated Field Science. 9：3-10.
南條正巳 2012. 農耕地土壌における大津波の被害実態と塩害対策の概要，一般社団法人日本土壌肥料学会「土と肥料の講演会」講演概要, 2012年5月9日.
南條正巳 2013. 東日本大震災-農地への影響とその対策. 東北大学出版会, 仙台. 199-209.
大鷲高志 2012. 津波被災ほ場における野菜栽培の課題について，農業の早期復興に向けた試験研究成果報告会～宮城県試験研究機関・東北大学大学院農学研究科連携プロジェクト～，資料, 2012年2月22日.
Raja, R., S.G. Chaudhuri, N. Ravisankar, T.P. Swarnam, V. Jayakumar and R.C. Srivastava 2009. Salinity status of tsunami-affected soil and water resources of South Andaman, India, Research Communications. 96：152-156.
Reichenauer, T.G., S. Panamulla, S. Subasinghe, and B. Wimmer 2009. Soil amendments and cultivar selection can improve rice yield in salt-influenced (tsunami-affected) paddy field in Sri Lanka, Environ Geochemistry and Health. 31：573-579.
佐藤　敦 1990. 八郎潟干拓地の土壌と農業, 粘土科学 30：115-125.
佐藤一義 2012. 広域土壌調査による津波被災土壌の塩類状態の解析，農業の早期復興に向けた試験研究成果報告会～宮城県試験研究機関・東北大学大学院農学研究科連携プロジェクト～，資料, 2012年2月22日.
澤井裕紀・岡村行信・宍倉正展・松浦旅人・Than Tin Aung・小松原純子・藤井雄士郎 2006. 仙台平野の堆積物に記録された歴史時代の巨大津波-1611年慶長津波と 869年貞観津波の浸水域-. 地質ニュース 624：36-41.
Soil Survey Staff 1999. Soil taxonomy, 2nd ed.,p.44,p.49.
Srisutam, C. and J.-F Wagner 2010. Tsunami sediment characteristics at the Thai Andaman Coast, Pure Appl. Geophys. 167：215-232.
Srivastava, P.K., Baieshwar, S.K. Behera, N. Singh and R.S. Tripathi 2011. Long-term changes in the floristic composition and soil characteristics of relcamed sodic land

during eco-restoration. J. Plant Nutr. Soil Sci. 174：93-102.
Stumm,W. and J.J. Morgan 1996. Aquatic Chemistry-Chemicol Equilibria and Rates in Natural Waters, 3rd ed.,Wiley Interscience, N.Y.899.
Sugawara, D., K. Goto, F. Imamura, H. Matsumoto and K. Minoura 2012. Assessing the magnitude of the 869 Jogan tsunami using sedimentary deposits：Prediction and consequence of the 2011 Tohoku-oki tsunami. Sedimentary Geology. 282：14-26.
Szczuciński, W., M. Kokociński, M. Rzeszewski, C. Chague-Goff, M. Cachao, K. Goto and D. Sugawara 2012. Sediment sources and sedimentation processes of 2011 Tohoku-oki tsunami deposits on the Sendai Plain, Japan-Insights from diatoms, nannoliths and grain size distribution, Sedimentary Geology. 282：40-56.
米田茂男 1958 a. 塩害と土壌[1], 農園 33：1028-1032.
米田茂男 1958 b. 塩害と土壌[2], 農園 33：1077-1080.
米田茂男 1958 c. 塩害と土壌[3], 農園 33：1338-1342.
吉村尚久 2001. 粘土鉱物と変質作用, 地学双書 32, 地学団体研究会. 166-178.

第2章 福島第一原子力発電所事故からの畜産業の復興のための家畜や畜産物の放射性核種汚染の実証的調査研究

眞鍋　昇[1]・高橋友継[1]・小野山一郎[1]・遠藤麻衣子[1]・
飯塚祐彦[1]・李　俊佑[1]・田野井慶太朗[2]・中西友子[2]

[1]東京大学 大学院農学生命科学研究科 附属牧場・[2]同附属放射性同位元素施設

1. はじめに

2011（平成23）年3月11日，東京電力株式会社福島第一原子力発電所事故にかかわって内閣総理大臣が原子力緊急事態宣言を発出した．これに対応して厚生労働省は同年3月17日に人間の飲料水や食品を対象とした「放射能汚染された食品の取り扱いについて」を通知し，食品衛生法の暫定規制値を定めた．すなわち，飲料水および牛乳や乳製品に含まれる福島第一原子力発電所事故に起因する放射性セシウム（セシウム134とセシウム137の合計．以下，特にことわらない限り同様である．）レベルを200Bq/kg以下，他の穀類，野菜類，果物類，肉，卵，魚などにおいては500Bq/kg以下とした．これらを受けて，農林水産省は，農畜水産物の放射性核種による食品汚染を防止するための措置を講じた．以下主に畜産物についてふれる．同年3月19日，農林水産省の消費・安全局畜水産安全管理課長と生産局畜産部畜産振興課長が連名で「原子力発電所事故を踏まえた家畜の飼養管理について」通知し，続いて同年4月14日に実際に生産者が牧草等の粗飼料の生産や飼料給与などを行う際に食品衛生法上の暫定規制値を超えない牛乳や牛肉などを生産できるようにするために「原子力発電所事故を踏まえた粗飼料中の放射性核種の暫定許容値の設定等について」通知した．それによって乳牛，肉牛，馬，豚，鶏用の飼料含まれる放射性セシウムレベルは300Bq/kg以下，養殖魚用の飼料については100Bq/kg以下と定められた．

その後，様々な角度から食品衛生法の暫定規制値の見直しがなされて同年12月になってから2012（平成24）年4月1日付けで人間の飲料水や食品に含まれる放射性セシウムレベルが大幅に改訂された新基準値が適用されることが決まった．そこでは，飲料水に含まれる放射性セシウムレベルは10Bq/kg以下，牛乳や乳児用食品に含まれる放射性セシウムレベルは50Bq/kg以下，その他の穀類，野菜類，果物類，肉，卵，魚などは100Bq/kg以下となった．このような改訂に対応して，農林水産省の消費安全局長，生産局長，水産庁長官などの担当官は，家畜の飼料，敷料，飼料生産や作物生産に関わる堆肥などの肥料における放射性セシウムレベルの許容値を改訂した．すなわち，2012年2月3日暫定許容値を改訂して，乳牛用の飼料に含まれる放射性セシウムレベルは100Bq/kg以下，肉牛，馬，豚，鶏用の飼料含まれる放射性セシウムレベルは300Bq/kg以下，養殖魚用の飼料については100Bq/kg以下とした．しかしこれでは新基準値を満たすことが難しいとの考えがあって同年3月23日に新許容値を定めた．すなわち，乳用肉用を問わず牛用および馬用の飼料に含まれる放射性セシウムレベルは100Bq/kg以下，豚用の飼料では80Bq/kg以下，卵用肉用を問わず鶏用の飼料は160Bq/kg以下，養殖魚の飼料は40Bq/kg以下とされた．加えて同日には家畜舎における敷料に含まれる放射性セシウムレベルは400Bq/kg以下とすること，家畜糞尿を原料とする堆肥を含む肥料に含まれる放射性セシウムレベルは400Bq/kg以下とすることも新許容値として設定された．

福島第一原子力発電所の事故直後に慌ただしく設定された家畜の飼養管理に関わる暫定許容値は，これまでの海外における知見を基に設定したもので，わが国における家畜の飼養管理の実態を必ずしも反映して設定したものではなかったので，私たちや独立行政法人家畜改良センターなどの国内の畜産学に関わる者たちが，多面的にわが国の飼養管理の実態に即した条件下で家畜を用いた実証的試験を緊急に行って，飼料，飲料水や環境中に含まれている福島第一原子力発電所事故に起因する放射性核種が，どのようにして，どの程度人間の食品としての畜産物に移行するのか，その実態を把握して，よりわが国における家畜飼養管理の実態を反映した国民の健康維持に役立てるように飼料などの許容値の改訂に貢献しようとした．このような私たちの活動の多くは未だ道半ばであるので，いずれも

が中間報告的なもので不完全なものである．しかし，本稿で報告することで，福島第一原子力発電所事故からの畜産業の復興に少しでも貢献できればと願って筆をとったことをお許し願いたい．

2．原発事故由来の放射性核種の飼料から牛乳への移行

福島第一原子力発電所の事故に起因する放射性セシウムなどで東北圏と関東圏の広範囲で飼料が汚染した．わが国における牧草の生産は，山形県が全国で1位，岩手県が3位，栃木県が7位，福島県が9位である（農林水産省）．またわが国では約150万頭の乳牛が飼養されて，年間約800万tの牛乳が生産されている．その内の約350万tはバターやチーズなどに加工されており，多くが北海道で生産されている．残りの約450万tが生乳として飲用に供されており，この飲用牛乳のほぼ全量は国産でまかなわれている．生乳の多くを生産しているのは東北圏と関東圏であり，栃木県が2位，群馬県が3位，千葉県が4位である．

このように東北圏と関東圏は，牛乳の生産基地であり，酪農業は地域の重要な産業である．豚や鶏などの飼料は主にトウモロコシなどの穀類であり，9割以上を輸入に頼っている．しかし，安定した牛乳生産のためには多くの牧草を乳牛に給与することが欠かせない．穀物と異なって，嵩高い牧草やその加工品を運搬するには多額の輸送費がかかり，全てを輸入品に置き換えることは困難である．そこで，比較的軽度ではあったものの，福島第一原子力発電所の事故に起因する放射性核種被曝を経験した東京大学附属牧場（福島第一原子力発電所から南西に直線距離で約130キロ離れた茨城県笠間市に位置する．）で耕作していた牧草を乳牛に与えた場合の牛乳中への放射性核種の移行キネティクスおよび福島第一原子力発電所の事故に起因する放射性核種を含まない飼料に切り替えた場合の牛乳中からの消失キネティクスを調べたので，以下に詳細を述べる．

東京大学大学院農学生命科学研究科附属牧場の圃場に福島第一原子力発電所事故前の2010年10月に播種した一年生草本牧草（イタリアンライグラス）を2011年5月12日から17日にかけて刈り取り，数日間乾燥させた後，プラスチックフィルムで梱包して嫌気性発酵させることでヘイレージを調製した（図1および表1）．このヘイレージを福島第一原子力発電所事故に起因する放射性核種を含む

汚染飼料として供した．

　2011年4月20日以降，茨城県からの通達に従って，供試牛（東京大学大学院農学生命科学研究科附属牧場で飼養している泌乳中のホルスタイン・フリージアン種雌牛）の屋外放牧を停止して通常の開放型牛舎内で飼養した．なお試験開始時まで供試牛には原発事故の前年（2010年）に収穫した牧草を調製した原子力発電所事故に起因する放射性核種を含まないヘイレージと total mixed ration（TMR：原子力発電所事故に起因する放射性核種を含まない輸入された粗飼料と濃厚飼料などを混合して乳牛が要求する全ての飼料成分を適正に配合した〔JA東日本くみあい飼料製造〕ものを供した．）を混合した飼料のみが給与されていた．試験開始前の2011年5月30日に供試牛を2群（対照群と試験群：試験開始時の体重は各々636および593±23kg，搾乳開始からの経過日数は各々140および108日であった．）に分け，TMRのみを60g/kg体重の割合で4週間給与して馴致させた．対照群にはTMRのみを60g/kg体重の割合で4週間給与した（図2）．試験群には原子力発電所事故に起因する放射性核種を含むヘイレージと含まない

図1　ヘイレージの生産方法．東京大学大学院農学生命科学研究科附属牧場の圃場に2010年10月に播種した一年生草本牧草（イタリアンライグラス）を2011年5月12日から17日にかけて刈り取り，数日間乾燥させた後，プラスチックフィルムで梱包し，嫌気性発酵させることでヘイレージを調製した．

TMRとを混合した飼料（1：2重量比）を60g/kg体重の割合で2週間給与した．その後，対照群と同様に原子力発電所の事故に起因する放射性核種を含まないTMRのみを60g/kg体重の割合で2週間給与した．供試したTMRの原材料は穀類45％（主にトウモロコシ），糖糠類29％（コーングルテンフィード，フスマ，トウモロコシジスチラーズグレインソリュブルおよび米糠），植物性油粕類21％（大豆油粕，菜種油粕および加糖加熱処理大豆油粕），その他5％（炭酸カルシウム，糖蜜，アルファルファミール，食塩および酵母）であり，成分は粗タンパク質約16％，粗脂肪約2.5％，粗繊維約10％，粗灰分約10％，カ

表1　供試牧草とヘイレージ中の放射性セシウムレベル

	ヨウ素131	セシウム134	セシウム137	(Bq/kg)
牧草（刈り取り直後）	検出限界以下	50	60	
ヘイレージ	検出限界以下	600	650	

供試牧草（イタリアンライグラス）を2011年5月1・14日に刈り取り，常法に従って乾燥後加工してヘイレージを作製した．放射性核種のレベルは，ゲルマニウム半導体検出器γ線スペクトロメーターを用いて1,000秒間測定した．

TMRのみ -2週間	TMRのみ 2週間	TMRのみ 2週間
TMRのみ -2週間	ヘイレージ+TMR 2週間	TMRのみ 2週間

- TMRのみ：35kg/日/600kg体重に設定
- ヘイレージ＋TMR：ヘイレージ10＋TMR25（合計35）kg/日/600kg体重に設定

飼料 35kg
水 80L
体重 600kg
牛乳 20L

図2　試験のスケジュール．試験開始前に供試牛を対照群と試験群に分け，TMRのみを60g/kg体重の割合で4週間給与して馴致させた．その後，対照群にはTMRのみを60g/kg体重の割合で4週間給与した．試験群にはヘイレージとTMRとを混合した飼料（1：2重量比）を60g/kg体重の割合で2週間給与した後，TMRのみを60g/kg体重の割合で2週間給与した．

ルシウム約 0.8％，リン約 0.5％であり，可消化養分総量は 72％以上であった．なお試験期間中を通じて両群の乳牛には牧場敷地内の地下 60m まで掘り抜いた井戸の水（この飲用水には，原子力発電所事故に起因する放射性核種は含まれていなかった．）を自動給水器を介して自由給水した．

試験期間中，朝夕 2 回給餌し，その度に原子力発電所事故に起因する放射性核種を含む飼料と含まない TMR とに分けて飼料摂取量（摂餌量）を測定した．朝夕 2 回の給餌直後に搾乳した（図 3）．搾乳時，個体別に搾乳量を測定すると共に，健康状態（食欲，活動状況，体温，糞便の量，固さと色および尿の量と色）を診断した．試験開始時（0 週），開始 2 週後および 4 週後の時点では，朝の飼料給与前に体重測定を行い，その後採血して血液学的検査および血液生化学的検査を各々自動分析装置を用いて行った．

このように乳牛を飼養しながら定期的に牛乳，飼料，飲用水を採材し，各々をゲルマニウム半導体検出器で測定し，ガンマ線スペクトロメトリー法により核種を同定した．^{134}Cs は 604.7keV を，^{137}Cs は 661.6keV のピークを定量に用い，各々のカウント値を校正して Bq を算出した．放射性核種の濃度は，各々の重量

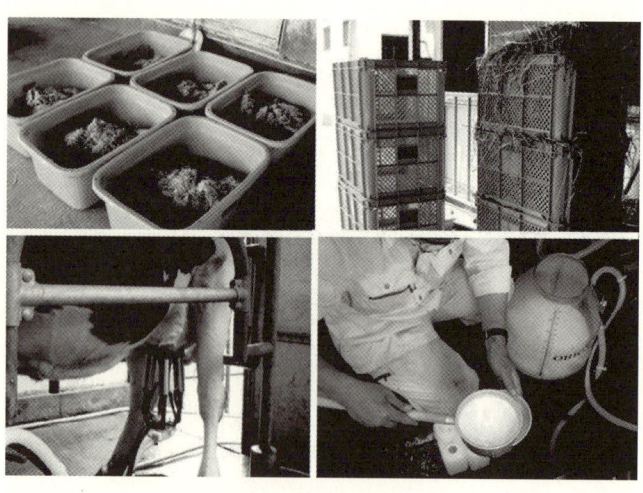

図 3 試験の状況．試験期間中，朝夕 2 回給餌した後に搾乳し，搾乳量と牛乳中の放射性セシウム濃度を測定した．

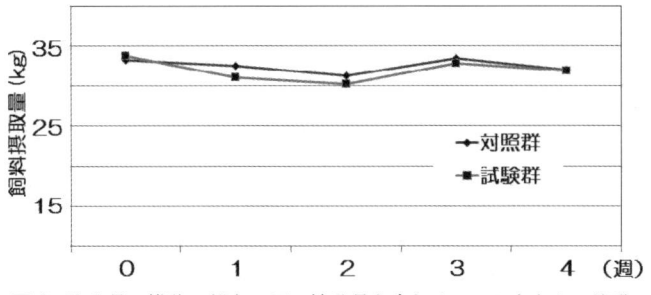

図4 泌乳量の推移．朝夕2回の搾乳量を合わせて1日あたりの泌乳量とした．各点は平均値を示す．

を元に算出した．なお検出下限はバックグラウンドの標準偏差の3倍とした．

　試験期間中を通じて両群間で体重，飼料摂取量，泌乳量（各時点の朝夕2回の搾乳量を合わせて1日あたりの泌乳量とした：図4），健康状態，血液学的検査，血液生化学的検査のいずれのパラメーターにおいても有意な差異は認められなかった．乳牛に給与したヘイレージに含まれる原子力発電所事故に起因する放射性核種の濃度は，^{131}I は検出下限以下，^{134}Cs と ^{137}Cs は各々600と650Bq/kgであった．このヘイレージを作製するために用いた刈り取り直後のイタリアンライグラスに含まれる原子力発電所の事故に起因する放射性核種の濃度は，^{131}I は検出下限以下，^{134}Cs と ^{137}Cs は各々54と55Bq/kgであった．牛乳に含まれる原子力発電所事故に起因する放射性核種の濃度は，^{131}I は検出下限以下であった．牛乳中の放射性セシウムについては ^{134}Cs と ^{137}Cs をまとめて示した（図5）．

　牛乳中の放射性セシウムの濃度は，原子力発電所事故に起因する放射性セシウムを含むヘイレージの供給を開始してから12日後には平衡状態（36Bq/kg）に達した．飼料を原子力発電所事故に起因する放射性セシウムを含まない TMR に切り替えると，切り替え後の1週間は3.61Bq/kg/日，1から2週間は0.69Bq/kg/日（これら2週間を平均すると2.05Bq/kg/日）の割合で速やかに減少し，14日後には対照群と概ね同等レベルにまで低下した．すなわち，原発事故に起因する放射性セシウムを417Bq/kg含む飼料（上述のように，この試験を実施していた2011年5から7月当時の暫定許容量は300Bq/kgであったが，現在はより低い新許容値の100Bq/kgに改訂されている．）を泌乳中の乳牛に36kg/cow/日の割合

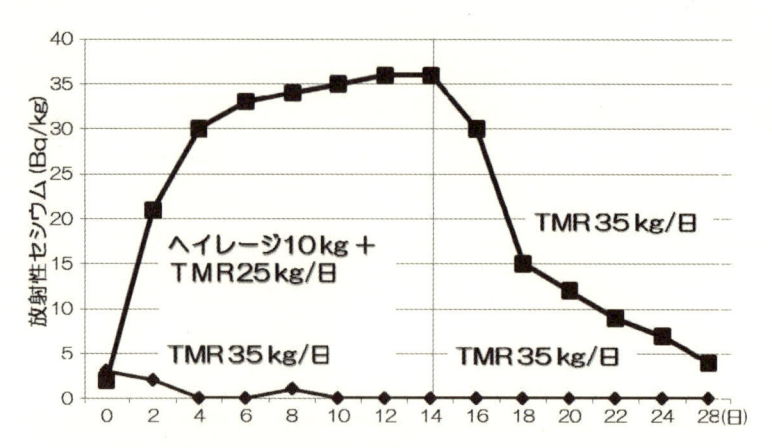

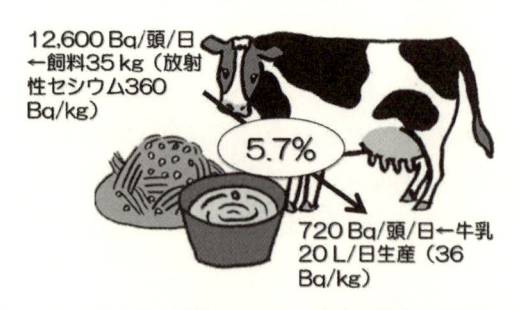

図5 牛乳中の放射性セシウム濃度の推移．牛乳中の放射性セシウム濃度は，^{134}Cs と ^{137}Cs をまとめたものを示した．各点は平均値を示す．

で2週間給与しても牛乳中の濃度は，国の暫定規制値（200Bq/kg）および新基準値（50Bq/kg）をともに下回った．

なお，牛乳中の放射性セシウムレベルが最高であった12から14日後の時点で，給与されたヘイレージに含まれる放射性セシウムは 12,600Bq/cow/日であり，牛乳中に移行した放射性セシウムの総量は 720Bq/cow/日であった（図6）．

つまり飼料に含まれる放射性セシウム総量の 5.7％が牛乳中に移行したことになる．この時の放射性セシウムの移行係数（Fm：乳用家畜1頭が1日に摂取した放射性核種の量（Bq/日）と乳汁中の当該核種の濃度（Bq/l）との比（日/l）と定義されている．Green et al., 2003）は，0.00286 日/l であった．1986年に旧ソビエト社会主義連邦のチェルノブイリ原子力発電所で起こった事故に起因する放射性セシウムで汚染したヘイレージを原子力

図6 牛乳中の放射性セシウム濃度の推移．牛乳中の放射性セシウム濃度は，^{134}Cs と ^{137}Cs をまとめたものを示した．各点は平均値を示す．

発電所事故後約1カ月間与え続けた場合の牛乳中のFm値は，試験開始初日が約0.0010日/lであったものが上昇して6日後には約0.0050日/lとなって平衡状態に達した（Johnson et al., 1988, Voigt et al, 1989, Vreman et al., 1989, Belli et al., 1993, Fabbri et al., 1994, Beresford et al., 2000, Gastberger et al., 2001, Robertson et al., 2003）．わが国の他の機関で行われた結果は0.0027から0.0064日/lであったことが報告されている（橋本ら, 2011, 高橋ら, 2012, 眞鍋ら, 2012, 眞鍋, 2012, Manabe et al., 2012）．上述の2011年4月14日に農林水産省消費・安全局から発出された「原子力発電所事故を踏まえた粗飼料中の放射性核種の暫定許容値の設定等について」において暫定許容値を算定するために用いられた移行係数は，それまでわが国における知見がなかったので，国際原子力機関（International Atomic Energy Agency：IAEA）がとりまとめている数値（放射性セシウムは0.0046日/lなど．IAEA 2005, 2009 and 2010, ICRP 2009）を用いた（MAFF 1995 and 2011）．私たちが今回報告した本試験を実施するために先だって行った予備的試験で原子力発電所の事故に起因する放射性セシウムで汚染されたヘイレージを5日間給与した場合の移行係数は0.00096日/lであったが，本試験における移行係数（0.00286日/l）は，チェルノブイリ付近で得られた移行係数（0.0050日/l）や国が暫定規制値の算出に用いたIAEAの移行係数（0.0046日/l）よりも低かった．本試験によって，飼料に含まれている原子力発電所事故に起因する放射性セシウムは，速やかに乳牛に吸収され，血液中を通って乳腺上皮細胞に至り，それが産生・分泌する牛乳中に移行することがわかった．その後，原子力発電所事故に起因する放射性セシウムを含まない飼料に切り換えると，牛乳中の放射性セシウムは速やかに減少することも確認できた．乳幼児や学童が毎日摂るので高度な安全が求められる牛乳を生産するためには，経口的に原子力発電所事故に起因する放射性セシウムを摂取しない飼養法が肝要である．しかしながら，今後安全な牛乳を安定的に生産するためには，国内産の粗飼料を活用することが避けて通れない．国産牛乳の安全性を担保するためには，飼料から乳牛の体内に取り込まれた原子力発電所の事故に起因する放射性セシウムの内で牛乳中に分泌されなかった残りの90％以上のキネティクスを明らかにすることが，今後の重要な課題である．放射性セシウムは尿，汗，胆汁から糞を介すなどして速

やかに排出されるのか，もし速やかに排泄されずに乳牛の体内に蓄積しているのであれば，どの臓器にどの程度蓄積しているのかなどを明らかにしなくてはならない．さらに乳牛においては，牛乳中へのセシウム分泌の分子機構やそのレベルを調節している制御機構などに関する知見が乏しいので，これらも今後明らかにしなくてはならない．多くの哺乳類では血液中と同様に乳中のミネラルを含む様々な成分の濃度は一定の範囲に厳密に維持されている．例えば必須元素のカリウムの乳中濃度は，概ね 1.5mg/g に維持されている．セシウムの生物体における動態はカリウムに類似していると一般に考えられているが，乳中への分泌動態についても類似しているならば，ある濃度以上に乳中の放射性セシウムは高まらない可能性がある．このようなことを含めて，今後基盤となる様々な研究が畜産業を復興するためだけでなく，広く国民の健康を守り，その向上をはかるために必要とされている．

3. 警戒区域で 100 日以上飼養後避難させた原種豚の繁殖機能

福島第一原子力発電所事故の後 105 日間警戒区域内（福島第一原子力発電所から 20 キロ圏内）の福島県南相馬市（福島第一原子力発電所から北東に約 17km 離れた場所）で通常の飼養管理法で豚舎内で飼養され続けて被曝した雌雄の 5 種（デュロック種，中ヨークシャー種，大ヨークシャー種，ランドレース種およびバークシャー種）の原種豚の救済ならびにそれらの生殖機能が正常であるか否かを検討するために，東京大学大学院農学生命科学研究科附属牧場に救出した．

福島第一原子力発電所事故前年の時点で，警戒区域内には豚が約 3 万頭，乳用と肉用を併せて牛が約 4 千頭，馬が約 100 頭，産卵鶏と肉用鶏を併せて約 90 万羽が飼養されていたが，事故後これらの大半が餓死するか殺処分されるなどして失われた．救済した原種豚が飼養されていた警戒区域内の農場周辺の放射線量は，事故直後には約 1 マイクロシーベルト/時，土壌の汚染は 100 万ベクレル/kg を越えていたものと推測されている．生き残っていた 1 歳未満〜7 歳以上の雄豚 10 頭と 2 歳未満〜6 歳以上の雌豚 16 頭を東京大学大学院農学生命科学研究科附属牧場に搬入した（図 7）．

第 2 章　原発事故からの畜産業の復興のための放射性核種汚染の実証的調査研究

図7　福島第一原子力発電所事故直後における周辺の放射線量が約1マイクロシーベルト/時，土壌の汚染が100万ベクレル/kgを越えていたものと推測される警戒区域内で100日以上飼養されていた1歳未満〜7歳以上の雄豚10頭と2歳未満〜6歳以上の雌豚16頭を東京大学大学院農学生命科学研究科附属牧場に搬入した．

　その後運搬前に疲弊していたことや運搬による疲弊などのために4頭（デュロック種雄豚1頭，デュロック種雌豚2頭およびランドレース種雌豚1頭）斃死した．残りの原種豚について，健康評価（体重・飼料摂取量測定，血液学・生化学検査，免疫機能検査，行動異常観察など）を行うと共に生殖機能評価（雄豚の精子活性評価や異常精子率測定，雌豚の卵巣超音波画像診断や血中ホルモン濃度測定など）を行ったところ，健康状態，免疫機能，行動などに特記すべき異常は認められず，雌雄の繁殖学的評価についても特記すべき異常は認められなかった．ついで，生殖機能に問題がないと判断できたものを適時交配させて妊娠を確認した（図8）．

　妊娠母豚は，2012年1月末から出産を開始して2012年12月1日までに7頭の母豚が64頭（雄32頭，雌32頭：東京大学大学院農学生命科学研究科附属牧場の豚舎の飼養許容数の上限）を出産した（表2）．

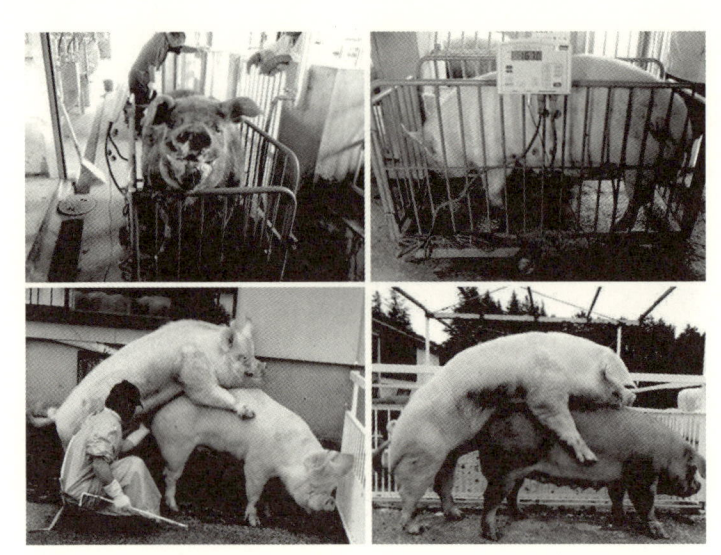

図8 生殖機能評価や繁殖行動などに異常がないと判断できた雌雄の種豚を交配させた．

表2　出産成績

種豚の品種		出産年月日	雄仔豚数	雌仔豚数	合計
雄種豚	中ヨークシャ	2012年1月19日	3	6	9
雌種豚	中ヨークシャ				
雄種豚	ランドレース	2012年2月17日	6	6	12
雌種豚	大ヨークシャー				
雄種豚	ランドレース	2012年2月23日	2	5	7
雌種豚	デュロック				
雄種豚	ランドレース	2012年3月7日	3	4	7
雌種豚	デュロック				
雄種豚	中ヨークシャ	2012年3月16日	10	6	16
雌種豚	中ヨークシャ				
雄種豚	中ヨークシャ	2012年8月12日	4	2	6
雌種豚	中ヨークシャ				
雄種豚	デュロック	2012年8月17日	4	3	7
雌種豚	デュロック				
合計			32	32	64

　豚の雄は6カ月齢で射精能を獲得し，8カ月齢で性成熟し，10カ月齢から繁殖に供用できる．雌の場合は，4カ月齢で発情兆候を示し，8カ月齢で排卵を開始し，10カ月齢から繁殖に供用できる．これらを目処に，順次次世代の生殖機能を評価している．

図9 2012年12月1日までに7頭の母豚が64頭を出産した．

4. さいごに

　東京大学大学院農学生命科学研究科附属牧場では，上述の乳牛や種豚を用いた調査研究以外に，牧場内の圃場で飼料作物を栽培しながら乳牛，山羊，馬，豚などの家畜を放牧あるいは舎飼状態で飼養し，福島第一原子力発電所事故に起因する放射性セシウムの汚染状況，福島第一原子力発電所事故に起因する放射性セシウムで汚染された堆肥を使用する有畜循環型農業の可否について実証的な研究を進めている．さらに，反芻家畜における福島第一原子力発電所事故に起因する放射性セシウムで汚染された飼料からの放射性セシウム吸収軽減方の開発研究や全畜産物のリアルタイム計測システムの開発にも注力している．また，福島県南相馬市の警戒区域内の放れ家畜やそれらが生存していた環境における福島第一原子力発電所事故に起因する放射性セシウム汚染の概要も調べている．さらに，福島県白河市近郊の山地放牧地で1年半以上放牧飼養されていた羊の体内における福島第一原子力発電所事故に起因する放射性セシウムの汚染状況も調査している．これらの多面的な調査研究を遂行して，これからも被災地の復興支援の要となる畜産物の安全を担保する方策を模索し続けたい．

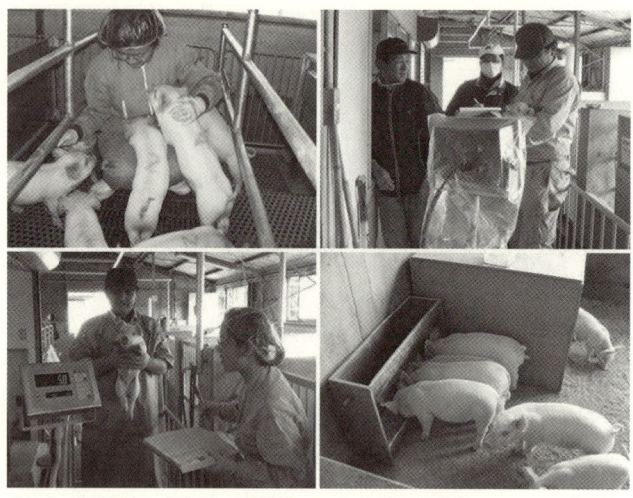

図10 雄豚は6カ月齢で射精能，8カ月齢で性成熟，10カ月齢で繁殖供用可能となり，雌豚は4カ月齢で発情兆候，8カ月齢で排卵開始，10カ月齢から繁殖供用可能となる．これらを目処に順次次世代の生殖機能を評価している．

参考文献

Belli, M., Sansone, U., Piasentier, E., Capra, E., Drigo, A., Menegon, S. 1993. ^{137}Cs transfer coefficients from fodder to cow milk. J. Environ. Radioat. 21：1-8.

Beresford, N.A., Gashchak, S., Lasarev, N., Arkhipov, A., Chyomy, Y., Astasheva, N., Arkhipov, N., Mayes, R.W., Howard, B.J., Baglay, G., Logovina, L., Burov, N. 2000. The transfer of ^{137}Cs and ^{90}Sr to dairy cattle fed fresh herbage collected 3.5 km from the Chernobyl nuclear power plant. J. Environ. Radioat. 47：157-170.

Fabbri, S., Piva, G., Sogni, R., Fusconi, G., Lusardi, E., Borasi, G. 1994. Transfer kinetics and coefficients of ^{90}Sr, ^{134}Cs and ^{137}Cs from forage contaminated by Chernobyl fallout to milk of cows. Health Physic. 66：375-378.

Gastberger, M., Steinhausler, F., Gerzabeck, M., Hubmer, A. 2001. Fallout strontium and caesium transfer from vegetation to cow milk at two lowland and two Alpine pastures. J. Environ. Radioat. 4：167-273.

橋本　健，田野井慶太朗，桜井健太，飯本武志，野川憲夫，桧垣正吾，小坂尚樹，高橋友継，榎本百利子，小野山一郎，李　俊佑，眞鍋　昇，中西友子 2011. 福島第一原子力発電所事故後の茨城県産牧草を給与した牛の乳における放射性核種濃度．Radioisotopes 60：335-338.

International Atomic Energy Agency (IAEA) 2005. Environmental consequences of the Chernobyl accident and their remediation：Twenty years of experience report of the

UN Chernobyl Forum Expert Group "Environment" (EGE). IAEA, Vienna, Austria.

International Atomic Energy Agency (IAEA) 2009. Quantification of radionuclide transfer in terrestrial and freshwater environments for radiological assessments. IAEA-TECDOC-1616. IAEA, Vienna, Austria.

International Atomic Energy Agency (IAEA) 2010. Handbook of parameter values for the prediction of radionuclide transfer in terrestrial and freshwater environments. IAEA-TRS 472. IAEA, Vienna, Austria.

International Commission on Radiological Protection (ICRP) 2009. Application of the commission's recommendations to the protection of people living in long-term accident or a radiation emergency. ICRP publication111. Annals of the ICRP No. 39, Elsevier, Amsterdam, Netherlands.

Ministry of Agriculture, Forestry and Fisheries of Japan (MAFF) 1995.Feed transfer factor to the radionuclides from feed to livestock products.

Ministry of Agriculture, Forestry and Fisheries of Japan (MAFF) 2011. Setting the tolerance improvement materials and feed fertilizer including radioactive cesium：2. allowable radioactive cesium in the feed.

Johnson, J.E., Ward, G.M., Ennis, Jr. M.E., Boamah, K.N. 1988. Transfer coefficients of selected radionuclides to animal products：1. Comparison of milk and meat from dairy cows and goats. Health Physic. 4：161-166.

眞鍋　昇, 李　俊佑, 高橋友継, 遠藤麻衣子, 榎本百利子, 田野井慶太朗, 中西友子 2012. 飼料中の放射性物質の牛乳への移行と今後の対策. Dairy Japan 12：25-27.

眞鍋　昇 2012. 乳牛における放射性セシウムの動態. 化学と生物, 50：668-670.

Manabe, N., Takahashi, T., Li, J., Tanoi K., Nakanishi T 2013. Changes in the transfer of fallout radiocesium from pasture harvested in Ibaraki Prefecture, Japan, to cow milk two months after the Fukushima Daiichi nuclear power plant accident. Springer-Verlag, Berliu, (in printing).

Robertson, D.E., Cataldo, D.A., Napier, B.A. 2003. Literature review and assessment of plant and animal transfer factors used in performance assessment modeling. United States Nuclear Reguratory Commission (USNRC), NUREG-CR-6825.

高橋友継, 榎本百利子, 遠藤麻衣子, 小野山一郎, 冨松　理, 池田正則, 李　俊佑, 田野井慶太朗, 中西友子, 眞鍋　昇 2012. 福島第一原子力発電所事故後の茨城県産牧草を給与した牛の乳における放射性核種濃度の経時変化（第2報）. Radioisotope, 61：551-554.

Voigt, G., MuIler, H.P., Prohl, G.P., Paretzke, H.G., Propstmeier, G., Rohrmoser, G.H., Hofmann, P. 1989. Experimental determination of transfer coefficients of ^{137}Cs and ^{131}I from fodder into milk of cows and sheep after the Chernobyl accident. Health Physic. 57：967-973.

Vreman, K., van der Struij, T.D.B., van den Hoek, J., Berende, P.L.M., Goedhart, P.W. 1989. Transfer of ^{137}Cs from grass and wilted grass silage to milk of dairy cows. Sci. Total Environ. 85：139-147.

第 3 章
水産業における震災からの復興

八木信行

東京大学大学院農学生命科学研究科

1. はじめに

 2011 年 3 月 11 日,東日本大震災がもたらした津波によって約 2 万 9 千隻の漁船と 319 漁港が被災した(水産庁,2012).この数字は,日本の総漁船隻数と漁港総数のそれぞれ約 10％に相当する.

 震災から 1 年半が経過した現在(2012 年 9 月)では,漁船は約 1 万 1 千隻が復旧し,また 311 漁港で一部でも水産物の陸揚げが可能な状況となった(水産庁,2012).未曾有の大災害であったにもかかわらず,主要漁港は意外に急ピッチで回復したように見える.筆者が震災後何回か訪問した岩手県や宮城県の沿岸部でも,震災直後には漁港内に漁船が 1〜2 隻しか見られない場所が多かったが,2012 年 8 月には相当数の漁船が漁港に戻っていた.

 ただし,これには,多少無理をしても主要漁港を回復せざるを得ないビジネス上の必要性があったと考えられる.

 被災地は,日本の水産業生産量の約 10％を産出していたが,日本で消費される水産物の約半分は輸入品であるため,日本市場でのシェアはもともと 5％程度にすぎない.この程度の量であれば,他県産や輸入品で埋め合わせることはさほど難しくない.被災したからといって何年も操業を止めていれば市場から忘れ去られた存在になる.

 例えばスーパーマーケットでは,水産物の仕入れ先に対して定時・定量・定価・

定質（いわゆる4定条件）を求めているとされる（農林水産省, 2010）. 4定条件がクリアできない生産者はスーパーに商品を置いてもらえない可能性もある. 震災とはいえ, 商品を納入できない状況が長く続けば, 店頭では輸入品や他産地で4定条件をクリアした商品が代替品として並べられる. 生産地が震災から復興しても再度参入することは難しい.

また, 生産地が長期に休業状態となれば, 加工流通業者も別の場所に移って商売を再構築し, 被災地には戻ってこない可能性もある. 漁業は免許された海域での活動となるため, 生産者は被災地を離れることが難しいが, 加工流通業者はそのような縛りがない. そして, 漁業は生産者だけが存在していても加工流通販売などがそろっていなければ, 産業としては成り立たない.

このようなビジネス環境が存在している中で, 漁業関係者は震災後息つく暇もなく努力し, 条件が整っていた何カ所かが急ピッチで回復したというのが現在の姿であろう. 一方で, 条件が整っていない場所（例えば津波被害が甚大で住民が戻っていない場所や地盤沈下の対策が遅れている場所など）は, 回復が遅れているところも目立つ.

更に, 急ぎ生産を回復させた場所でも, 将来課題は山積している. 日本の水産業は, 1990年代頃から生産が急速に減少し, 並行して水産物の輸入が急増した. 日本の水産物関税率が低い（平均税率4％）中で円高が進み, 外国産水産物の輸入が拡大したこと, また, 国際的に漁業管理が強化され200カイリ体制が確立したため日本漁船が外国漁場を失ったこと, 加えて日本近海でマイワシの大発生期が終了したことなどが, その背景にあると考えられる（島ら, 2012）. 残った漁業経営体も, 漁業は, 国際競争の激化や燃油などの資材高騰のため収益は低迷し, 就労者人口も全国的に減少している（農林水産省, 2012）. 荒天時の海上で重労働が伴うが, 現在では, 漁業者の過半数が60歳を超え, 高齢化も深刻化している（島ら, 2012）.

加えて近年は, クロマグロなどの高級魚が世界的に乱獲される一方で, 主要消費地である日本のスーパーでは夜8時以降にマグロが半額で投げ売りされるという, 生産地と消費地のミスマッチも顕著化しだした（八木, 2012）. また, 漁獲規制を遵守してコストをかけて環境に優しい操業をしていても, その一方で密漁

品が安く市場に出回り，こちらの方が価格競争力があるために，資源の保全管理を実施している漁業者が市場から淘汰されるという逆選択問題も国際レベルで顕在化した（OECD, 2004）．

震災前から存在しているこのような状況は，震災後も引き続き存在している．根本的な対応が求められている点は，震災前と同じである．

本稿では，被災地における震災後の水産業の現状をレビューし，更にこれらの将来課題への対応策について議論を深めることといたい．

2. 震災前後における漁業生産状況の比較

震災直後は，これから日本で水産物供給が不足するとの見方も一部にあったようだが，実際は震災後も日本市場で水産物の供給が不足する事態は発生しなかった．図1は，主要水産物の全国月次水揚げ量を示している．震災後も，国内の水揚げ量は震災前の前年同月と大差ない状況であったことがわかる．また，9月から11月までの秋に漁獲が集中し，春頃は漁獲が減少する日本漁業の生産パターンも変わっていない．被災漁船数は多かったものの，大部分が小型船であり，それらによる生産量はもともと少なかったことが，その理由の一つであろう．一方

図1　全国の主要水産物水揚げ量
（漁業情報サービスセンター資料を基に筆者作成）

で，一隻あたり多くの漁獲が可能な最新鋭の大中型漁船は，震災時も沖合にいたために津波被害を免れたものが多く，これらの漁船は震災後も操業可能であったことも一つの理由であろう．

被災によって欠品となった水産物を補う量の代替産品が日本市場に多く出回っている現状がここからも見て取れる．

続いて，被災地で漁業生産量が震災前後でどう変化したかを示す．

図2は，2010年1月から2012年5月の，大船渡，気仙沼，女川，石巻の水産物水揚げ量を示している．震災前，これら各港では，夏から秋に漁獲が集中し，春頃は漁獲が落ちる生産パターンを示していた．サンマやサケなどの主要魚種が秋頃に近海に来遊するためにそのようなパターンを示すのであろう．2011年3月の震災後は，数カ月間は水揚げ量がゼロという状況が続いたが，震災前でも例年この時期は水揚げが少ない．2011年7月頃から水揚げが再開され，2011年秋の盛漁期には，水揚げ量は2010年水準の概ね5割前後まで戻した．

壊滅的なダメージを受けながらも，わずか半年でここまで戻した関係者の並々ならぬ努力には敬意が払われるべきである．ただし，冒頭でも述べたように，こ

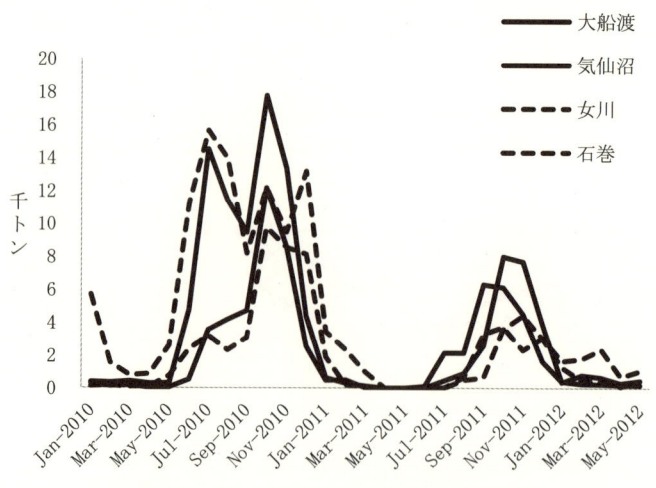

図2　宮城県と岩手県の主要漁港水揚げ量
（漁業情報サービスセンター資料を基に筆者作成）

の裏には，岩手宮城両県の主要漁港を急ピッチで回復せざるを得ないビジネス上の必要性が存在していた．加工・流通・小売との連携を保つためのビジネス上の必要性は先に述べたので繰り返さないが，加えて，被災地の産地間での競争の存在も指摘しなければならない．回復が遅れた場所は，いち早く回復した隣接地域の後塵を拝する結果になり，加えて加工流通小売事業者との連携維持においても不利な状況に立たされる．

例えば，筆者が2012年2月に気仙沼を訪問した際は，「カツオの水揚げを気仙沼で行いたいと希望する漁船が2011年も多くいたが，被災した陸上加工施設や流通インフラの復旧が限定的であったために漁船からの陸揚げを断ったケースも多かった．その分は大船渡に陸揚げされてしまった」といった話を聞いた．時を前後して大船渡を訪問した際には，「気仙沼市場が休みの日には大船渡でカツオが多く水揚げされる傾向があるのでありがたい」，といった話を聞いている．

現在（2012年夏），東北の被災地を回ると，主要な漁港は急ピッチで復興している一方で，小規模漁港は地域に住民も戻っておらず殆ど復旧していない場所が多く見られる．被災地間での地域格差は現実に存在し，それが拡大しつつある印象を受ける．また急ピッチで復興した場所であっても，日本漁業から震災前から抱えていた長期的な課題に向き合う必要がある．つまり，漁業経営の強化（経済面），資源管理保全措置の強化（環境面），更には地域社会の維持安定（社会面）でバランスをとりつつ成長を達成できるよう，舵取りが求められている．

そのような中，様々な復興のアイディアが議論されているが，中には混乱が生じている例もある．以下に述べる宮城県の復興特区を巡る混乱もその一つといえる．

3. 宮城県の復興特区を巡る混乱

2011年末，東日本大震災復興特別区域法が国会で成立した．その中に，水産特区と呼ばれるものが存在する．被災地の水産養殖業に参入する民間企業に対して県知事が漁業権を免許しやすくする内容である．

これに対して宮城県漁業協同組合（以下漁協という）や被災者の漁民から強い反対意見が出たが，村井嘉浩宮城県知事がその意見を受け入れず，両者の対立が続いている．

国際社会のスタンダードに照らせば，知事側の対応には首をかしげざるを得ない．例えばインドネシア大津波の被災地への復興協力を行う場合，ドナー（すなわち援助国）側が自分の価値観を受入国側に一方的に押しつけるだけでは復興がうまくいかなかった．受入国には固有の文化的背景や社会慣習がある中，ドナー側の物の見方を一方的に押しつけて物事を進めようとしても感謝されないし，下手をすれば敵視されかねない．それを避けるために，援助側と受入側は，復興の優先順位について徹底して議論すること，そして最終的な決定は現地の実施者を入れた形で「参加型の意思決定」を行うことが重要とされている．東日本大震災で復興支援のアイディアを宮城県知事が漁業者に一方的に押しつけている状況（つまり「参加型の意思決定」を認めていない状況）があるとすれば，県知事側の対応は国際的には常識外れの対応と見られて致し方ないだろう．実際，筆者の周囲にいるインドネシア人やインド人の復興関係者は宮城県知事の対応に対して極めて厳しい見方をしている．

　それではどうすれば良いのか．

　そもそもこの対立は，水産業の存在意義について，宮城県知事と漁協側で意識の共有ができていないために生じている．水産業の目的には，先に述べたように経済，環境，社会の3要素が存在している（これをトリプルボトムラインとも呼ぶ）が，その優先度について両者の摺り合わせができていないのであろう．

　報道内容を見る限り，知事側は，特区を利用して養殖業への民間投資を活性化させたい，すなわちトリプルボトムラインの中でも経済を優先させたい意向と解釈できる．その意向自体は理解できるが，実際の数字に基づく議論ではないために説得力が不足している．経済的な側面を重視するのであれば，データに基づく説得材料が必要と思われるが，そうはなっていないようだ．特に，民間企業による水産業への参入は，じつは特区が議論される以前から実質的には行われていた状況が存在する．企業が現地法人を作り，漁協に組合費などを支払って参入するやり方であり，マグロ養殖など既に全国的に実施例がある．特区が導入されれば参入企業側は組合費支出を免れることが可能で，逆に漁協側はその収入を失うことになるが，このような当事者同士の金銭的やりとりに過ぎないものが，本当に経済全体に波及効果を及ぼすのかどうかうたがわしい．シミュレーション結果等

を用いて説得すべき内容であろうが，そのような努力をした様子はうかがえない．

村井知事は，「民間企業との組み合わせで浜を存続させることが漁協のためにもなる」（2012年9月4日河北新報）と述べているが，民間企業と組み合わせるとなぜ浜が存続するのか具体的な仕組みも説明がなされていない．

そもそも日本漁業は，国際資源へのアクセス，為替レート，国内人件費，燃油等の資材費，国民消費支出動向といった多様な要因が絡み合って産業が衰退している訳で，生産現場の仕組みを変るだけで急にバラ色の展開になるといった見通しをしているのであれば，甘いといわざるを得ない．そのような見通しでは，今まで試行錯誤を重ねてきた漁業者を経済面の理由から説得することは難しい．

一方で，漁協側は，「もうからないと撤退する企業の論理と漁業は相いれない」等と述べたとされる（産経新聞2011年6月21日）．社会や環境の維持を重視した発言と受け取ることが可能であるが，それでは漁協独自のやり方では現在の経済的な課題に対処できるのかどうかが説明していない．見方によっては，反対だけして対案を示していないようにも見える．

筆者は，消費者の利益になる目的を有するのであれば，新しい漁業政策を推し進める価値は十分に存在すると考えている．しかし，ここで課題となるのが，日本の水産物市場の特殊性である．日本では，魚の浜値が下がっても消費者価格には反映されにくい構造がある．実際，筆者らが行った研究でも，日本の水産物流通では小売店がマーケットパワーを有しており，魚の生産単価が下がるなどにより産地価格が下がっても，小売店における魚の販売価格は直ちには変わらないことが分かっている（阪井ほか，2012）．加えて，日本市場には水産物が大量に輸入されているため，国内の養殖生産量や産地価格が多少増減しても，短期的な国内需給はあまり変化しない．つまり，特区を利用して生産現場の仕組みを多少変えて生産コストが下がっても，日本では直ちには消費者利益にはつながらないと予想できる．生産現場よりも水産物の流通網に焦点をあてて改革を進める方が，消費者のメリットにつながりやすい．知事側は経済面を優先させ，漁協側は社会面を優先させているようにうかがえる中，その双方を満足させる形の一つとして，消費者がメリットを享受する形の水産物生産流通システム再構築がある点を指摘したい．

このような議論を通じ，日本の養殖業や沿岸漁業に関する将来ビジョンを県知事側と漁協側が共有すること，そして「参加型の意思決定」を行うための会議を中立的なリコンシリエーター（仲介人）の下で開催することが，今後の課題であろう．このまま対立が続けば，国際的に失笑を買う前例を作るばかりか，日本国内でも関係者の復興への熱意が冷めてしまう懸念もある．

4. 福島県の水産業における現状

　福島県の水産業については，震災後に東京電力福島第1原子力発電所から大量の放射性物質が環境に放出されるという事態が発生した，岩手県や宮城県とは若干異なる状況が存在している．福島県の漁業者は，原発事故の直後から福島県沿岸での漁業操業を自粛し，あわせて，国からも福島県の水域で漁獲される複数の魚介類を出荷制限の対象とする指示などが出され現在に至っている．

　先に，日本漁業は輸入品との競合や200カイリ規制などの影響を受けて長期に低迷傾向にあると述べたが，その中で福島県の漁業は，国内の他地域の漁業に比較すれば収益が良好で若い漁業者がいる経営体が多いといわれてきた．実際，2008年の漁業センサス結果によれば，漁業就業者のうち60歳以上の者が占める割合は，全国平均では約47％であったのに対し，福島県では約36％と低い．

　また，震災前，福島県の漁業は売上げも比較的安定している状況にあった．図3に示すように，2002年の値を基準にとれば，福島県の海面漁業生産額は，全国のそれと比較しても高い値を保っている．例えば2003〜2006年の生産金額は全国的に低迷したが，その中では福島県の金額低迷の度合いは少ない．特に2003年は，全国的に海面漁業の生産t数は約7％増加したものの，生産金額は約9％減少している．その中でも福島県の生産金額はそれほど低下していないことが図3から分かる．一方で，2007年および2008年には，全国的に漁業生産金額の回復傾向が見られる．特に，2007年は全国的に海面漁業の生産t数は前年と変わらなかったが，生産金額は約5％増加している．その中で，福島県では生産金額が全国平均以上に上昇していることが同じ図から分かる．2008年も全国的に生産金額が上昇したが，福島県は全国平均以上の上昇となっている．

　このように，全国平均と比較すれば福島県の漁業は，販売面や後継者の確保の

福島県と全国の海面漁業生産金額年次推移

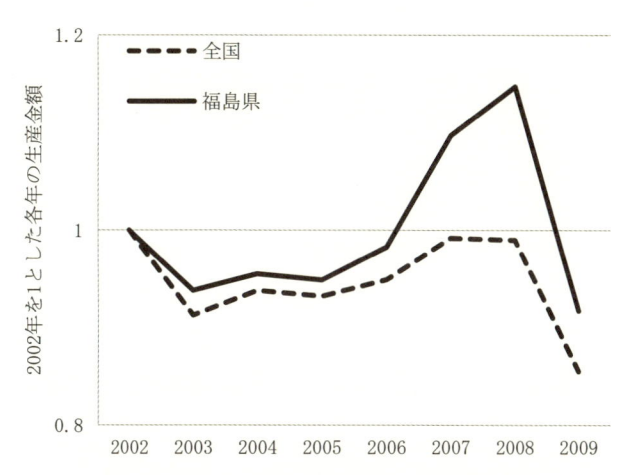

図3 福島県と全国の海面漁業生産金額年次推移
2002年の金額を1として年次推移を図示したもの．全国の生産金額は農林水産省による統計を，また福島県の生産額は福島県庁による統計を使用．（八木，2013）

面でも優等生的な存在であったといえる．この理由としてまず挙げたいのが，漁船側と陸側で連携をとりながら，漁獲した後の魚を細心の注意を払ってハンドリングし，市場価値を上げていた点であろう．例えば相馬双葉地区では，「浜のかあさん」が陸揚げ後の魚を丁寧に選別し，それを目利きできる仲買人が正当な値段で買い，その目利きを信頼する料理店や小売店がいて，そこをひいきにする客が存在していたとされる．

その仕組みを下支えしていたのが，海で操業する船頭や乗組員の高い技術であったと考えられる．福島県では，例えば底びき網漁業は，短い期間に効率的に漁獲する技術があったために禁漁日を多めに設定することが可能で，その分，水揚げがある日には陸側で手数をかけて魚のハンドリングができるという好循環があったように見える．これがもうかる漁業に繋がり，若い人も漁業に留まっていた理由であろう．

福島県の海岸線はほぼ直線である．そのため，漁業基地が徐々に集約され，震

災前は小名浜地区と相馬双葉地区の2カ所に概ね拠点が形成されていた．つまり，経済競争の中で生き残った漁業者が効率的な操業を行う地域に集約されていたと見ることができる．

このように今まで優等生であった福島の漁業が原発事故によって一瞬にして崩壊したのが，被災後の状況である．若い漁業者がいても漁業は成り立たず，将来の展望も不明確な状況に陥っている．

福島県で操業が自粛されている間の漁業者への賠償については，法律に基づき原子力事業者である東京電力がその責任を負うべきと見なされている（水産庁ホームページ http://www.jfa.maff.go.jp/j/sigen/gensiryoku/index.html：アクセス日時2012年8月29日）．実際，東京電力は漁業者に賠償金を支払っている．しかしながら，(1)事故以前における漁獲物の売上伝票が津波などで逸散し，売上減少額や実損額などを計算する証拠資料が整えられない漁業者もおり，そのような漁業者には必ずしも適切な賠償がなされていないこと，(2)賠償が不十分な水産加工業や流通業は，業者が福島を引き払う動きを見せていること，(3)操業自粛がどの程度長期化するか不明確な中で将来計画が立てられないことなど，多くの不満が存在している．

この中で，福島県漁業協同組合連合会は，水産業の復興と漁業の再開を目指すために「福島県地域漁業復興協議会」を立ち上げた．そこでは，漁業の再開には極めて大きな障害が存在している点が何回も議論された．「福島で漁業を再開しても魚を買う消費者はいないだろう．へたをすると国産の魚全てに風評被害が及ぶ．しかし，このままでは，福島では漁業だけでなく，関係する流通卸売業，食品小売業，外食産業といった福島沿岸の地域産業そのものが消えてしまう．いったいどうすればよいのか」といった議論であった．

5. セシウムを体にためにくい魚に限定した漁業の再開

協議会の議論では，生物の種類によって，セシウムなどの放射性物質を体内にためやすいものとそうでないものがいる点などを巡り，福島県などが提出したデータを見ながら以下の項目が議論された．
・水や餌に含まれる放射性セシウムは，塩分やミネラルと同様に消化管などを介

して魚体内に入るため，水や餌のセシウム濃度が低ければ，海水魚でも淡水魚でもセシウム濃度は低くなるとされていること．
- 今回の事故後に実施されたモニタリング調査でも，海域によって魚体内の放射性物質の濃度は異なる傾向があり，福島第一原発に近づくほど高くなること，また沿岸よりも沖合の方が低いこと．
- 淡水魚と海水魚を比べると，海水魚の方がセシウムを排出しやすいこと．これは，淡水では周囲の水（淡水）よりも魚の体液の浸透圧が高くなるため，淡水魚は体液の浸透圧を本来の状態に保とうとして水分を積極的に捨て，塩分・ミネラル分は積極的に取り込み，この時にセシウムも一緒に取り込むこと．一方で，海水魚の場合は，周りの水（海水）よりも体液の浸透圧が低いので体から水が失われ，バランスを保つために，海水魚は，セシウムを含めた塩やミネラルを，エラなどから積極的に捨てるとの研究が存在すること．
- 更に，海に生息する生物の中でも，特にイカ，タコ，貝類などは，魚類よりも放射性セシウムの濃縮係数（生物体内に含まれるセシウム濃度を水中に含まれるセシウム濃度で割って得られた数字）が低いこと（IAEA, 2004）．
- 今回の事故後，モニタリング調査のために福島県の水域で採集した魚介類のうち，特にイカやタコなどは初期に放射性セシウムが検出されたが，海水の放射能レベルが低下すると検出されなくなったこと．
- 具体的には，平成24年1月1日から6月4日までの間に，福島県は，モニタリング調査で集めた福島県海域の魚介類を2,118検体分析し，そのうち505検体でキロあたり100ベクレル以上の放射性セシウムが検出されたが，この調査では，イカ，タコの仲間は7ベクレルのものが1検体あったほかは，残り全て（約150検体）が検出限界値以下を示したこと（検出限界値は約15ベクレル/kg程度）．また，貝類でも，浅瀬にすむ性質がある二枚貝では109ベクレルと102ベクレルの検体がそれぞれ1つあったが，そのほかの貝（約80検体）に100ベクレルを超える検体はなかったこと．
- 一方で，平成24年6月時点においても，シロメバル，マコガレイ，スズキ，アイナメなど，沿岸域にすむ多くの魚類からは，100ベクレルを超える放射性セシウムが検出されていること．

また，協議会では，被害の連鎖を防ぐ必要がある点も指摘された．今回の原発事故では，漁業関係者は被害者であり，魚種によっては，放射性物質含有量の高い魚もいる．単純に漁業を再開させれば，今度は消費者に被害が及ぶ可能性もある．漁業再開を優先させるあまり新しい被害者を作ってしまうような，被害の連鎖は，手を尽くして未然に防がなければならないとの点である．

　以上のような議論の結果，平成24年6月12日の福島県地域漁業復興委員会会合で，次のような条件の下で試験的に漁業操業を再開させようということとなった．

・ここまで書いた状況を理解してもらえる購買者に絞って販売すること（購買者向けの表示とトレーサビリティーを整備する）
・放射性物質の検査を十分行うこと．また出荷先で基準値を超えたものが見つかる場合は全品回収すること（放射性物質の検査体制を整備する）．
・漁獲対象を，タコの種類である「ヤナギダコ」と「ミズダコ」，また巻貝の「シライトマキバイ」の3種類に限ること（放射能汚染のリスクがないと思われる種類に限定）
・9隻の船だけを使い沖合で漁獲し，それを相馬双葉漁協1カ所だけに水揚げをすること（水揚げ時の検査体制を確保）
・購買者に対して情報を隠さず提供し，また購買者からの反応が生産者に伝わるように仕組みを整えること
・定期的に計画を見直しすること

　現時点（平成24年12月）では，以上を基本としながら操業海域と対象魚種を若干拡大させて試験操業を実施している状況にある．しかしながら，この条件付き試験操業に対しても，批判の声は存在する．水揚げ時に検査をしているとはいえ，それは全量検査ではなく抽出検査である．放射性物質を基準値以上に含む水産物が出回る可能性がある中では試験操業も許されないといった批判である．

　協議会では，そのような批判を行ってくる消費者をどのように説得すべきかという議論もなされた．筆者の意見は，基本的に説得できないと考えて行動する方が良いというものである．福島産の水産物を購入したくないというのは個人の自由であり，そこを無理に説得する必要はない．むしろ，福島県産という表示を徹

底し，全ての消費者がそれを分かった上で購入できる条件を整備することが重要である．その上で，仮に批判がなされた場合には，「福島産の水産物を購入したいという層も一方で存在しており，それは彼らの自由である．あなたに彼らの自由を侵害する権限はない」と述べれば良いだろう．実際，筆者らが別途実施した消費者に対する調査では，水産物の放射性物質汚染を懸念する声が多かった一方で，被災地復興を助けるために積極的に被災地の水産物を購入したいという声も多く見られている（現在発表準備中）．

ただ，ここで問題となるのは，仲買人や小売店などがリスク回避のために敢えて福島県産の水産物を扱わない傾向が存在している点であろう．ビジネス上の判断であるとはいえ，生産者と消費者の間に位置する彼らの行為が，結果的に福島県産を購入したいという消費者層の自由を奪っているとすれば問題である．

6. 今後の被災地漁業復興に関するビジョン（水産版ジャスト・イン・タイム構想）

以上を踏まえた上で，今後の被災地漁業復興に関するビジョンについて最後に触れたい．

いま，世界中で貴重な漁業資源が乱獲され，漁獲後も海から食卓まで全ての段階で投棄されることが問題とされている．これは，購買者が買うのかどうか不明であるまま，とりあえず多種多様な種類とサイズの魚を大量に漁獲して店先に並べておくビジネススタイルにその一因があると筆者は見ている．

問題の解決策は，あらかじめ消費者の消費動向を把握した上で漁業を行い，ムダのない操業を行いながら売れ残りのリスクを減らすことである．いままでそのような漁業を実現した場所はないが，被災地漁業の復興に当たって目指してみる価値はあるだろう．これには生産方法だけでなく，それに連携した流通方法を新しく構築する必要がある．

生産面については，筆者が被災地で聞取りを行った限りにおいては，技術水準の高いところもあり，消費者側の需要に合わせて選択的に魚を獲ることはある程度可能な漁業種類もあるように思える．ただし定置網のように魚が向こうから泳いで網に入ってくる漁法の場合は，消費者側の需要に合わせた生産を行うことは

難しい．また漁業全般にいえることとして，生産量が自然条件に影響されるため，需要以上に大量に生産できる時期がある一方で，全く生産がない時期もある．対策としては，保存効果があり，かつ付加価値をつけた新しい商品を作り出し，消費者に提案していく選択肢があるだろう．例えば短期の無給餌畜養や，産地での冷凍フィレー加工などを取り入れて新しいブランドを構築するなどもこの候補になろう．

並行して流通過程の短縮化も課題となる．国産の水産物は，産地市場，仲買，消費地卸，消費地仲卸，小売店という多段階の流通系を経ており，それぞれの中間業者がマージンを取っている．その中間マージンに見合う付加価値をあげているのであれば問題はないが，実際は逆に，中間業者が多いために産地から消費者まで丸2日ほど時間が経過したり，産地の情報が消費者に伝わりにくくなったりといったマイナスの側面も指摘されている．対策としては，電子商取引システムなど新しい技術を導入した新しい流通チャンネルの立上げがあげられる．先に，被災地水産業は復興しても，消費地で店頭販売スペースを確保することが難しいという例を紹介したが，このような場合は既存の市場流通と並行して新しい流通チャンネルを立上げることが一つの解決策になる．

これを一歩進めて，具体的な注文を出してくる購買者を大切にして，資源を守りながら効率的な生産と時間を節約した流通を行う新しいスタイルのフードシステムの構築，つまり水産版のジャスト・イン・タイム方式を構築することも目標とすべきであろう．

このような新しいスタイルの漁業を今後成功させるためには，顧客の需要動向を予測するまたは実際に注文を受けるなどする仕組み，需要に合わせて漁獲する技術，それを正当な値段をつけるプライシングの仕組み，効率的な運送の仕組み，更には正確な漁獲場所と放射能検査結果などの付加的な情報などを伝達する仕組みなど，一つ一つ課題をクリアする必要がある．これらに対応できるポテンシャルを有する漁業者も被災3県には存在しており，彼らに意思決定に参加してもらった上でビジネスの構築を進めることが重要であろう．平成24年度から26年度まで，科学技術振興機構（JST）による公募課題である「技術テーマ名：水産加工サプライチェーン復興に向けた革新的基盤技術の創出」の中における研究課題

名「電子商取引を利用した消費者コミュニケーション型水産加工業による復興」（研究代表者：東京大学　黒倉寿 教授）に筆者らも参画しており，ここでは以上のような課題を研究することとしている．シミュレーションなどによって具体的な経済効果を算出するなど，当事者へ説明するための材料もここでは万全を期する予定としている．

　震災からの復興については，現在進行形の事項が多いが，その課題や進展状況などをこれからも適時に発信していきたいと考えている．

　なお，本稿中，「4．福島県の水産業における現状」および「5．セシウムを体にためにくい魚に限定した漁業の再会」は，拙稿（八木，2013）を加筆修正したものである．

文　献

IAEA 2004. Sediment distribution coefficients and concentration factors for biota in the marine environment. Technical Report 422. International Atomic Energy Agency, Vienna.

OECD 2003. *Liberalising fisheries markets: scope and effects.* OECD Publication. Paris.

OECD 2004. *Fish Piracy : Combating Illegal, Unreported and Unregulated Fishing.* OECD Publication, Paris.

小野征一郎．漁業および養殖業の動向．「最新水産ハンドブック」（島　一雄ら編）．講談社，東京．2012：597-601．

島　一雄ほか編 2012．「最新水産ハンドブック」講談社，東京．

水産庁 2011．東日本大震災による水産への影響と今後の対応．平成24年8月．

農林水産省 2010．「平成21年度水産の動向　平成22年度水産施策」農林水産省．東京．

農林水産省 2012．「平成23年度水産の動向　平成24年度水産施策」農林水産省．東京．

阪井裕太郎，中島　亨，松井隆弘，八木信行(2012)．日本の水産物流通における非対称価格伝達．日本水産学会誌．78(3)：468-478．

八木信行 2013．福島県漁業の復興に向けた課題と長期ビジョン．日本水産学会誌．79(1)：88-90．

八木信行 2011．「食卓に迫る危機・グローバル社会における漁業資源の未来」講談社，東京．

八木信行 2009．水産物の国際貿易と資源保全．「水圏生物科学入門」（会田勝美編）恒星社厚生閣，東京．234-238．

第4章 津波被災農地の雑草植生と復旧に向けた植生管理について

小笠原　勝
宇都宮大学雑草科学研究センター

1. はじめに

　平成23年3月11日に宮城県牡鹿半島沖で発生したマグニチュード9の巨大地震は死者行方不明者を併せて18,773人（2012年7月現在）に及ぶ数多くの尊い人命を奪っただけでなく，道路や鉄道などの社会インフラ，さらには農業や漁業を始めとする各種の地域産業に甚大な被害をもたらした．地域再生を目指した震災復興が各地で精力的に進められている中，学術関連諸団体の使命は学術活動を通して社会に貢献することであり，わが国が未曾有の大災害に遭遇した今，まさに学会の存在意義が問われていると云えよう．

　本論に入る前に，雑草について少し補足説明をしてみたい．雑草は一般の人々には馴染みの薄い植物であり，農作物に対する光や養水分の競合を通した直接的な損失や，病害虫の中間宿主として間接的な損失を与える植物群と捉えがちであろう．しかし，雑草は農業場面だけでなく，都会にも里山にも，あるいはより自然の豊かな場所にも生育しており，人が活動する全ての場所において，生活環境や景観に重大な影響を及ぼす構成要因であることは余り知られていない．すなわち，雑草は農林業生産領域（農村），緑化・アメニティー領域（都市）および自然生態系領域（里山，奥山）を含む地域全体に様々な形で密接に関わっている植物群と云える．津内被災地と云えども，人口の稠密な地域から，水田や畑が広がる農村地域まで，土地利用形態の異なる多様な空間が内包されているに違いない．

したがって，雑草群落の種組成や成長量などの植生学的な特性を地域あるいは場所ごとに調査・整理することは，農業生産はもちろんのこと，地域全体の社会状況の把握につながるだけでなく，最終的には，震災復興のための将来計画や修復技術を構築するための有用な知見が得られものと考えられる

ここでは，雑草学の立場から，1）平成23年から24年に実施した日本雑草学会の活動内容，2）農林水産業，特に水稲栽培における震災被害の実態，3）津波被災農地における雑草植生と雑草の防除法，および4）学会活動に関する今後の課題および展望について述べる．

2. 日本雑草学会の活動内容

平成23年9月4日に東京，浜離宮朝日ホールで開催された日本雑草学会創立50周年記念公開シンポジウムにおいて，「放射性物質に汚染された農地に生育する雑草をどのように捉えるか」といった題目で，震災関連の話題提供を行った．この公開シンポジウムが契機となり，平成23年10月30日に，委員4名とアドバイザー8名から構成される「震災復興研究部会」が学会内に創設された．研究部会は，現地における雑草調査に際しての諸般の規制状況を勘案し，まずは津波によって被災した農地を主たる研究対象として，1）津波被災農地の雑草植生と復興状況，2）耐塩性雑草の生態と防除に関する分献上の整理，3）耐塩性雑草の生態と防除に関する情報公開を初年度の主な活動内容とした．その結果，詳細については後述するが，岩手県，宮城県，福島県，茨城県および千葉県の津波被災農地の雑草植生調査の結果から，イヌビエ，ハマアカザ，アカザ，ガマ類，コウキヤガラ，アメリカセンダングサなどの雑草が多くの津波被災水田において優占化していることが明らかになった．

そこで，特に移植水田で問題となるコウキヤガラとイヌビエについては，これまで比較的に多くの学術的な知見が蓄積されていることから，文献整理を緊急的に進め，「水田多年生雑草コウキヤガラの生態的特性と防除法」および「東北地方の農耕地における雑草ヒエ－東日本大震災の被災農地の雑草問題に関して－」として取り纏め，学会ホームページ上で広く社会に公開した．

また，平成24年4月5日に開催された日本雑草学会第51回講演会において，

表1 震災復興に関する日本雑草学会の主な活動内容（平成23年～24年）

種類	内容
公開シンポジウム	50周年記念シンポジウム 「放射性物質に汚染された農地に生育する雑草をどのようにとらえるか」 51回公演会ミニシンポジウム 「東日本大震災による被災農地の復興に向けての植生管理上の課題と対策」
震災復興研究部会	1. 津波被災地の雑草調査と復興状況 2. 耐塩性雑草の生態と防除に関する分献上の整理 3. 耐塩性雑草の生態と防除に関する情報発信 岩手県，宮城県，福島県，茨城県，千葉県における雑草調査
雑草調査文献整理とWeb上での情報発信	「水田多年生雑草コウキヤガラの生態的特性と防除法」 「東北地方の農耕地における雑草ヒエ―東日本大震災の被災後での雑草問題に関して―」

ミニシンポジウム「東日本大震災による被災農地の復興に向けての植生管理上の課題と対策」を開催し，「宮城県における被災農地における植生管理上の課題と対策」および「津波被災農地の分類と植生管理の必要性」と題して，津波被災農地の雑草問題について話題提供を行った．

　上述の雑草植生に関する調査結果は主に震災が発生した平成23年の結果である．雑草植生は津波によってもたらされた土壌中の塩類だけでなく，除草剤散布や耕耘などの人為的な管理圧によって大きく異なることから，今後，長期的に継続調査を進める必要がある．また，平成23年度では，主として，移植水田の本田についてのみ雑草調査を実施したが，水田および畑の畦畔法面，道路，公園，水路，園芸施設周辺など，あらゆる場所の調査が望まれる．さらには，雑草管理目標の設定あるいは雑草の発生予察に資する目的で，移植水田においては，種子量や種子の休眠状態などを含めた土壌中の雑草種子の挙動についても，今後，調査・解析を進める必要がある

3. 農業場面における津波被害の実態

　前述したように，雑草は農業をはじめ地域の生活環境や景観など，あらゆる事柄と密接に関連していることから，雑草学の観点から震災復興を推進するために

は，被害の実態を種類別あるいは場所別に整理することが先決である．例えば，雑草が問題となる場面として，農地が真っ先に挙げられるであろうが，繰り返すようであるが，雑草害は農業場面だけに限ったことではない．仮設住宅の周辺においても問題となる．過繁茂の状態に放置されたオオアレチノギクやセイタカアワダチソウは避難者に心理的なマイナスインパクトを与えるであろう．また，農地から遠く離れた場所においても，雑草を放置することはイネ斑点米を引き起こすカメムシ類やイチゴ・トマトの害虫であるアザミウマやダニ類の発生を助長することにつながり，農村地域で問題となるイノシシやサルなどの様々な有害生物の温床となることを意味している．したがって，東日本大震災によってもたらされた被害についても，農業場面だけに目を向けるのではなく，道路，公園，宅地など，地域住民の生活に関わる様々な場面を対象とした調査が必要と考えられる．しかしながら，震災発生から一年半を経過した現在においても，仮設住宅の建設，道路の修復，水田の除塩，瓦礫処理など，人々の生活に直接的に関係する課題が優先的に進められてはいるものの，雑草については，未だに顧みられていない状況である．このことから，ここでは被害規模が大きく，しかも被害データが既に集計されている農業関係に焦点を当てて，津波被害の実態を整理してみたい．

（1） 被 害 状 況

　津波による被害を農地に限定した場合，被災総面積は青森，岩手，宮城，福島，茨城，千葉県の6県で水田20,150ha，畑3,450haの合計23,600haに達し，宮城県だけで全体の63.6％に相当する15,000haが津波の被害を受けた．さらに，その15,000haの内訳をみると，水田が12,690ha，畑が2,310haであり，今後の調査により，詳細な被害額が明らかになるであろうが，津波による農業被害の大半は宮城県を中心とした移植水田であったことがわかる．

　次に，宮城県に限定して，平成23年12月現在の農林水産業関連の被害額を調べてみると，その被害総額は1兆2,287億円の巨額に上り，その内の41.8％に相当する5,144億円が農業関係であり，さらに5,144億円の94.7％に相当する4,871億円が津波による被害であった．宮城県の太平洋沿岸部には，南北50km，東西10～15kmに及ぶ広大な面積の仙台平野が広がっており，その中でも仙台市から名取市，岩沼市，亘理町，山元町にわたる地域では，水稲栽培に加えてイチゴの

施設園芸栽培が盛んであり，津波による農業被害が複合的に起きた地域と考えられる．

さらに，宮城県内における農業関係の被害額の内訳をみると，農地・水路・集落排水関係が4,081億円と圧倒的に多く，次いで農業機械関係（435億円）とカントリーエレベーターや施設園芸ハウスなどの施設関係（317億円）が続き，農業関係の津波による被害は農地と農業施設に集中していることがわかる．農地・水路・集落排水関係で算出された4,081億円の殆どは，直接的に被害額を算出しうる水田除塩対策費と水路および揚排機場などの農業施設修繕費と考えられる．

表2 津波による被災農地の推定面積（ha）

県名	被災総面積	全耕地面積に占める割合	内訳	
			水田	畑
青森	80	0.1%	80	-
岩手	1,840	1.2%	1,170	670
宮城	15,000	11.0%	12,690	2,310
福島	5,920	4.0%	5,590	330
茨城	530	0.3%	520	10
千葉	230	0.2%	110	120
合計	23,600	2.6%	20,150	3,450

（平成23年3月28日 農林水産省資料から）

表3 宮城県における農林水産関係の被害額

内訳	総被害額	津波被害額
農業関係	5,144億円	4,871億円
畜産関係	50億円	16億円
林業関係	140億円	117億円
水産関係	6,860億円	6,848億円
その他	93億円	92億円
合計	1兆2,287億円（100%）	1兆1,944億円（97.3%）

（平成23年12月6日現在）

しかし，イヌビエ，コウキヤガラ，コガマ，ヨシ，ハマアカザなどの雑草が水田，畦畔，水路に大量に発生していることを考え合わせると，水田の除塩作業や用排水路の復旧に先立ち，これら雑草の防除が必要となるはずである．その結果，多額の除草経費が発生すると予想され，最終的には，雑草の繁茂が水稲収量に対してだけではなく，農地や水路の修復にも多大な経済的な損害をもたらしたと解釈される．構造物や設備を修復する場合と異なり，雑草防除は継続的かつ長期的に取り組むべき対策であることから，雑草がもたらす様々な害をきめ細かく評価する必要がある

次に，移植水田を対象に宮城県内の被災農地の面積と除塩の復旧対象面積（予定）を地域別に比較してみることにする．宮城県全体では，約1万3,000haの水田が除塩の対象となり，この内の約40％に相当する5,250haを平成23年度に，残りの7,750haについては平成24年を目処に復旧を計画している．復旧は仙台

表4　宮城県内における農業関係被害の内訳

内訳	総被害額	津波被害額
農地・排水路	4,081億円	3,841億円
カントリーエレベーター・ハウス	317億円	285億円
農業機械	435億円	435億円
農作物	66億円	65億円
その他（海岸防潮堤）	245億円	245億円
合計	5,144億円 (100%)	4,871億円 (94.7%)

（平成23年12月6日現在）

表5　宮城県における被災農地と除塩復旧対象農地の面積

地域	対策対象水田面積(ha)	対策実施予定面積(ha) H23年度	H24年度
石巻市	2,120	1,180	940
東松島市	1,400	660	740
気仙沼市	670	120	550
南三陸町	460	20	440
仙台市	2,000	670	1,330
名取市	1,500	830	670
岩沼市	1,200	430	770
亘理町	2,000	830	1,170
山元町	1,400	270	1,130
その他	250	240	10
合計	13,000 (100%)	5,250 (40.4%)	7,750 (59.6%)

市や名取市などの内陸よりの地域で急速に進んでおり，震災発生の翌年の平成24年度には，水稲の作付けが再開された水田がかなりの面積に上っている．しかし，福島県境に近い宮城県南部の山元町では，地盤沈下の激しい水田が多かったためか，作付けの再開はおろか，平成24年9月現在においても，雑草防除はもちろんのこと，全く手つかずの荒れ放題の水田がかなり取り残されている．

　復旧の程度が地域によって大きく異なる原因には，津波による被害程度だけでなく，地域住民の年齢構成や仮設住宅の代替地など様々な要因が複雑に関与し，都市部より農村部ほど立ち後れている傾向にあることから，学会横断的なより手厚い支援が望まれる．

（2）　津波被災農地の雑草

　雑草には，「直接または間接に作物を害して生産を減少させ，農地の経済価値を低下させる作物以外の有害な草本」と云った人間活動に基づいた植物社会学的な定義の他に，「土壌撹乱の激しい立地に最初に侵入定着する植物群」と云った生物学的な定義がある．農耕の起源は，無機栄養分を豊富に含んだ水が得られる

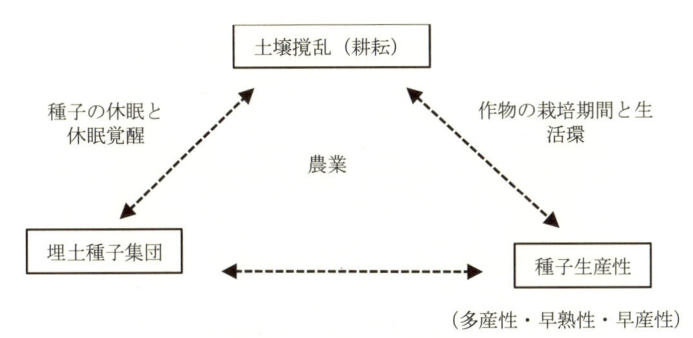

図1 農業と雑草との関係

氷河の末端部で始まったとされており，氷河による土壌掘削と農業における耕耘は植物に対して同じような作用を示し，土壌撹乱の激しい場所に適応した植物群を雑草のルーツと捉えることができる．

一方，地球上には，25万種とも云われている数多くの植物が生育していると考えられているが，その全てが農耕地雑草になりうる訳ではない．作物が栽培されている期間内に，発芽から種子生産までの生活環を速やかに完結させ，次世代に繋がる大量の子孫（種子）を作る植物だけが農耕地雑草になりうる．雑草は，また，湛水，耕耘，除草剤散布さらには作物から分泌される他感作用物質と呼ばれる化学物質にも耐えなければならない．多くの雑草は，種子の早熟性，早産性，多産性，休眠性，土壌中に形成される埋土種子集団などの生態学的な特性によって，水田や畑に高い適応性を獲得していると考えられている．

後述するように，様々な雑草が津波冠水地域で観察されたが，極めて特徴的な現象は，イヌビエが他の雑草を圧倒し，イヌビエ単独の群落が広範囲に形成されていたことである．

イヌビエが水田の主要雑草であることは，雑草に余り造詣の深くない人にとっても極当たり前のことであろうが，見渡す限りの広大な水田地帯がイヌビエだけで覆い尽くされた風景は極めて異質性を感じさせるものであり，これだけの発生量を賄うだけのイヌビエの埋土種子量がどのようにして形成されたのか，あるいはイヌビエだけがどのようにして特異的に大繁茂したのか，そのメカニズム解析は今後の大きな研究課題である．

イヌビエで覆われた水田（宮城県仙台市，平成23年7月）

1）イヌビエの優占メカニズム

　ここでは津波被災農地において，何故，イヌビエだけが大繁茂したのかを考えてみることにする．まず，イヌビエが大繁茂した理由として，イヌビエの塩類に対する感受性，すなわち耐塩性が考えられるが，どうも原因は耐塩性だけではなさそうである．なぜならば，イヌビエよりも耐塩性に富むと考えられているコウキヤガラやヨシが，局所的に優占化していたものの，津波が冠水した地域全体にわたって満遍なく繁茂していなかったからである．また，イヌビエが単に広範囲にわたって優占化していただけでなく，極めて旺盛な成長を示したことが，もう一つの大きな特徴として挙げられる．これらの現象を総合すると，恐らく耐塩性だけではなく，その他の複数の要因がイヌビエの挙動に関与していたのではないかと考えられる．その一つが土壌撹乱による埋土種子の分散であり，ヘドロに含まれる養分である．津波の運動エネルギーはトラクタによる耕耘などと比べようもない極めて強大な土壌撹乱であり，このような強大かつ広範囲な土壌撹乱は恐らく有史以来，始めてのことと考えられる．長い年月をかけて形成されてきた水田，畦畔，路傍，河川敷などにおける土壌中のイヌビエの埋土種子集団が津波によって土壌深層まで掘り返されて，一気に広範囲に拡散されたのであろう．

　一方，イヌビエは種子で繁殖する雑草であるが，コウキヤガラとヨシは種子でも繁殖するが，主に塊茎あるいは地下茎で繁殖する雑草である．また，繁殖様式

第4章 津波被災農地の雑草植生と復旧に向けた植生管理について

に加えて分布の広さも重要な要因である．コウキヤガラとヨシはもともと局所的に生育していたために，土壌中に貯蔵されていた種子，塊茎，根茎などの数がイヌビエに比べて遥かに少なかったのではないかと思われる．言い換えるならば，コウキヤガラとヨシの土壌中に含まれている繁殖体数が少なかったために，耐塩性に富んでいるにも拘らず，イヌビエに比べてあまり優占化しなかったのではないかと推察される．つまり，ある程度の耐塩性を有することは必要条件であるが，それだけでは十分ではなく，埋土種子集団の量的なサイズが広範囲な発生につながったと考えられる．

さらに，塩類による選択圧がイヌビエの優占化に関与している可能性もある．イヌビエと云えども，空間や養分において他の雑草との競合に打ち勝たなければ生き残ることはできない．津波によって耐塩性に劣る様々な雑草が駆逐され，その結果，耐塩性に優れた数種類の雑草だけが残り，これが競合の観点からイヌビエの生育に好的に作用したのではないかと考えられる．三つ目の要因が養分である．津波によって運ばれたヘドロの中に多量の栄養分が含まれており，これがイヌビエの爆発的な成長をもたらした可能性は高い．本シンポジウムにおいて，土壌肥料学の立場から，津波によって運ばれたヘドロに豊富な窒素源が含まれていたという報告があったことからも，上述の仮説が支持されたものと考えられる．また，津波被災水田の各所において，藻類や表層剝離の大発生が観察されたが，この現象もヘドロによる土壌の富栄養化によって引

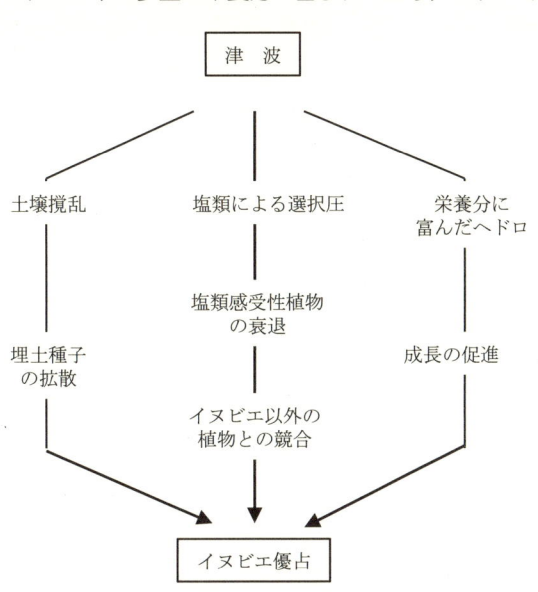

図2 津波被災農地におけるイヌビエの優占メカニズム（仮説）

き起こされた可能性が高い．

　以上のように，イヌビエが津波被災農地で優占化した原因とし，1) イヌビエが耐塩性に富む雑草であること，2) 津波によって耐塩性に乏しい雑草が駆逐され，その結果，イヌビエは他の雑草との競合から優位に立つこと，3) 津波によってイヌビエの土壌埋土種子集団が掘り起こされ，種子が広い範囲に拡散されたこと，4) 津波によって運ばれたヘドロが栄養分に富んでおりイヌビエの成長が促進されたことの4点が挙げられる．また，宮城県山元町の複数の地点において，芒の長い生物型のケイヌビエが優占していたことに加えて，ヒエ類は呼吸様式（嫌気的呼吸と好気的呼吸）からイヌビエ，タイヌビエ，ヒメタイヌビエ，ヒメイヌビエに分けられることから，これらヒエ類の塩類に対する感受性については今後，詳細に検討する必要がある．

2) 津波被災水田で多発したイヌビエ以外の雑草

　震災5カ月後の宮城県内の津波被災水田で観察された雑草の内，イヌビエ以外の発生の多かった雑草はミズアオイ，クログワイ，アメリカセンダングサ，ヨメナ類，ヨモギ，セイヨウタンポポ，オオオナモミ，コゴメギク，トキンソウ，オオブタクサ，メヒシバ，ヨシ，エノコログサ，オオニワホコリ，ネズミムギ，コウキヤガラ，タマガヤツリ，クログワイ，カヤツリグサ，エゾノギシギシ，オオイヌタデ，イヌタデ，ミチヤナギ，シロザ，ハマアカザ，シロツメクサ，アカツ

表6　津波被災水田に生育する主な雑草種（宮城県，H23年8月現在）

科名	和名
キク科	アメリカセンダングサ，ヨメナ類，ヨモギ，ノゲシ，セイヨウタンポポオオオナモミ，トキンソウ，コゴメギク
イネ科	※イヌビエ，メヒシバ，※ヨシ，アキノエノコログサ，スズメノテッポウオオニワホコリ，
カヤツリグサ科	※コウキヤガラ，カヤツリグサ，クログワイ，タマガヤツリ
ガマ科	※コガマ，ガマ
タデ科	エゾノギシギシ，ヤナギタデ，オオイヌタデ，ミチヤナギ
アカザ科	※シロザ，※ハマアカザ
マメ科	シロツメクサ，アカツメクサ
アブラナ科	スカシタゴボウ，タネツケバナ
その他	スギナ，オオハンゴンソウ，ブタクサ，アレチウリ，スベリヒユ，ミズアオイ
	アメリカアゼナ，ツユクサ，

※：特に発生量の多い雑草

第4章　津波被災農地の雑草植生と復旧に向けた植生管理について　　（ 63 ）

コウキヤガラ 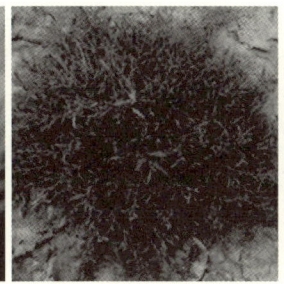　　　　　　ハマアカザ 　　　　　　　コガマ

メクサ，ツルマメ，オオバコ，スベリヒユ，アメリカアゼナ，ツユクサ，トウダイグサ，エノキグサなどであった．これらの雑草の中には，セイヨウタンポポ，ネズミムギ，シロザ，アカツメクサ，オオバコ，スベリヒユ，コゴメギクなどのように，明らかに路傍，畔畔あるいは畑地を主たる生育地にしている雑草も含まれており，津波によって水田以外の様々な場所に生育していた雑草がシャッフルされたものと考えられる．

　津波が発生した直後において，ヘドロに含まれていた地域全体の雑草が一斉に発生したために，多種類の雑草が水田で観察されたのであろう．しかし，水田においては，時間の経過と共に，湿生あるいは水生雑草だけに収斂されていくと考えられることからも，雑草植生を継続的に調査することは，雑草の遷移を明らかにすることに他ならず，農地の修復程度が遷移の方向性と速度から推量できることを意味している．

　一方，前述したように，津波冠水地域に優占する雑草は必ずしも耐塩性に富んだ雑草ではなく，埋土種子集団の大きさや，震災前の分布域などの複数の要因が関与していると考えられ，土壌の塩類濃度やヘドロの堆積量と雑草植生との間にも何らかの相関関係がある可能性は高い．

オオアレチノギク・オオブタクサ

表7　平成元年度の栽培ビエの生産量

産地	作付面積(ha)	反収(kg/10a)	収穫量(t)
北海道	24.0	208	50
青森	1.0	260	3
岩手	261	185	483
長野	3.0	253	8
岐阜	6.5	100	7
岡山	8.0	100	8
宮崎	0.3	176	0.5
総計	303.8	−	559

詳細な検討は今後の課題となるが，ヘドロの堆積量が多く塩類集積の顕著な場所ではヨシとガマ類が，中程度の場所ではイヌビエが，堆積程度が比較的に小さい場所では，シロザやハマアカザが優占化する傾向にあったことから，土壌中の塩濃度の評価にこれらの雑草を指標植物として利用することも期待される．

農地以外では，道路の路肩や空き地にオオハンゴンソウ，オオブタクサ，アレチウリ，ヒメムカシヨモギ，オオアレチノギクなどの大型雑草が確認された．オオハンゴンソウは特定外来生物（植物）にリストアップされている植物であり，オオブタクサは花粉症のアレルゲン，ヒメムカシヨモギやオオアレチノギクは景観を低下させる雑草であり，いずれの雑草も地域の生活環境と密接に関わる大型の外来雑草であり，早急な防除が望まれる．

3）農地生態系に及ぼす津波の影響

水田および水田畦畔の雑草植生に及ぼす津波の影響はイヌビエやコガマなどの特定の雑草が優占化したことだけに留まらない．農地全体の雑草植生ひいては雑草を中間宿主とする病害虫や，雑草を餌あるいは住処とする小動物などを含めた農地生態系全体に影響を及ぼす可能性がある．筆者が2003年に栃木県内で実施した雑草調査の結果を例に挙げると，基盤整備を実施していない，いわゆる伝統的な畦畔では，45科147種の植物種が観察され，その内の13.6％に相当する20種が帰化雑草であった．

ところが，同じ地域の基盤整備から3年を経過した水田畦畔では，雑草の種数は8科32種まで

表8　伝統的水田畦畔の帰化雑草（栃木県南那須町, 2003）

1. ナガバギシギシ
2. オランダミミナグサ
3. コハコベ
4. オランダガラシ
5. シロツメクサ
6. オッタチカタバミ
7. オオニシキソウ
8. コニシキソウ
9. メマツヨイグサ
10. アメリカアゼナ
11. タケトアゼナ
12. オオイヌノフグリ
13. ヒメジョオン
14. ハルジオン
15. ハキダメギク
16. セイタカアワダチソウ
17. ノゲシ
18. セイヨウタンポポ
19. スズメノチャヒキ類
20. ナガハグサ

帰化雑草率：20/147＝13.6

減少し，およそ100種類が消えたことになる．雑草の総種数が減少した反面，帰化雑草種の数が増え，帰化雑草率は28.1％と基盤整備前の約2倍に増加したことが明らかになった．

　基盤整備によって雑草植生が単純化し，帰化雑草が増加した原因として，基盤整備による大規模な土壌撹乱と，それによって出現する大型の切り土法面が考えられる．切り土法面は，栄養分に乏しいために，窒素固定をするクズやヤブマメなどのマメ科植物や，荒れ地を本来の生育地とするメリケンカルカヤ，オオアレチノギク，セイタカアワダチソウなどの大型の帰化雑草が在来雑草に先駆けて定着するようになる．津波被災農地では，中山間地と異なり平野部が多いため，切り土法面の出現する可能性は低いものの，津波によって作土が削り取られた場所は一種の切り土法面のような土壌特性を示すと考えられることから，将来的には，上述の大型の帰化雑草が大繁茂することが十分に予想される．

　また，津波によって被災した地域には，ミズオオバコ，ミズニラ，ミズマツバ，デンジソウ，ウリカワ，ヒルムシロなど，数多くの貴重な在来植物が生育していた可能性は高い．現在のところ，被災地域の絶滅危惧種のデータを持ち合わせていないが，地域生態系の保全と修復の観点からも，帰化雑草を対象とした植生調査とその防除法について検討することが望まれる．

4）イヌビエの有効利用

　イヌビエが津波被災農地で優占化していることから，その効果的な防除方法を早急に構築しなければならないが，その一方で有効活用についても検討する必要

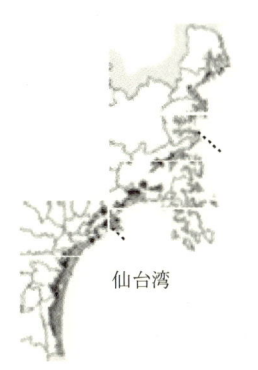

表9　東日本大震災による被災農地における雑草害

・瓦礫除去および除塩作業の障害
・営農再開後の作物収量の減少
・病害虫の発生助長（中間宿主）
・景観の低下（営農意欲）
・生態系に及ぼす影響

がある．移植水稲栽培の強害雑草であるイヌビエは，明治期まで救荒作物として広範に栽培されていた植物である．現在，栽培されているヒエは栽培ビエと呼ばれるもので，コメよりも多量のタンパク質，ビタミン（ビタミン B_1），ミネラルおよび食物繊維を含んでいる．特に，マグネシウムは白米の約 4.1 倍，食物繊維は 8.6 倍も含んでいるため，現在でも，岩手県を中心に栽培されており，平成 17 年度の全国の総収穫高は 402.1t に上っている．

雑草ビエ（イヌビエ）の成分特性は栽培ビエと多少，異なるであろうが，機能性作物としての潜在能力を十分に有しており，その上，価格もイネよりも数段高いことから，除塩対策の困難な地盤沈下の激しい場所に適した作物の一つに挙げられる．また，ヒエはイネに較べて耐寒性に富んでいるため，気象条件に影響され難く，栽培の容易なことも利点の一つである．

5）雑草害

水田に発生したイヌビエを放置すると，生産された大量の種子によって埋土種子集団が形成され，さらに，翌年になって再び大量のイヌビエを発生させ，水稲収量を低下させることになる．これまで宮城県の事例を中心に述べてきたが，岩手，福島，茨城，千葉県の各農業試験場から雑草学会に寄せられた最大の課題が，営農再開後に予想される雑草害への対応策であった．土壌中の埋土種子集団は，生育している雑草からの供給量と，除草剤・小動物・寿命による減少量との差し引きであり，その形成には長い年月がかかっている．水田の埋土種子集団を減らすことは，一朝一夕でできるものではなく，農家の営々とした除草作業によって現在のレベルに達したものである．このことから，雑草，特にイヌビエの埋土種子集団を再形成させないためにも，イヌビエが結実する前に防除することが強く求められる．

一方，雑草は競合によって作物の収量を低下させるだけでなく，病害虫の中間宿主となって，間接的に害を及ぼすことが知られている．特に，最近になって問題となっているのがカメムシ類による斑点米である．カメムシ類の中間宿主には，イヌビエだけでなく，エノコログサやメヒシバなどのイネ科雑草もなりうる．

イヌビエは主に水田および水田畦畔に，メヒシバとエノコログサは本田から遠く離れた畑や路傍にも生育し，しかもこれらの雑草の出穂時期は不斉一で，メヒ

第4章　津波被災農地の雑草植生と復旧に向けた植生管理について　　（67）

表10　雑草を中間宿主とするカメムシ類

雑草種	羽化幼虫頭数／穂	
	アカスジカスミカメムシ	アカヒゲホソミドリカスミカメムシ
イヌビエ	15.9	1.4
コウキヤガラ	1.3	-

大川のデータから抜粋

　シバとエノコログサは一般にイヌビエよりも早く，その期間も長い．これは，カメムシ類が広域的かつ長期間に亘って地域全体に潜伏していることを示すと共に，中間宿主であるこれらのイネ科雑草を地域全体で防除する必要があることを意味している．カメムシ類以外にも，イネミズゾウムシやアザミウマ類などの害虫や，イモチ病菌や白葉枯れ病菌などの病原菌，さらにはキタネグサレセンチュウやネコブセンチュウなどの線虫類など，雑草は様々な有害生物の温床になっていることが知られている．これらの病害虫は，水稲はもちろんのこと，イチゴやトマトの施設園芸作物にも多大な損害を与えることから，特にイチゴ生産地では重要な課題である．

　また，雑草は農業以外においても様々な害作用をもたらす．ブタクサやカモガヤは花粉症のアレルゲンとなり，主に人口の密集する都市部で問題となっている．オオアレチノギクやヒメムカシヨモギなどの大型の帰化雑草もまた，景観を低下させる雑草として防除の対象となっている．オオアレチノギクやヒメムカシヨモギなどの帰化雑草は個体当たり100万粒以上もの種子を生産し，多量の種子を風によって広範に拡散させて地域全体を瞬く間に覆ってしまい，営農意欲にさえ影響しかねない雑草である．この他にも，水路には，ヨシやガマが生育しており，これらの雑草は地下に強大な栄養繁殖茎を有していることから，除去そのものが極めて困難であり，水路の整備や修復工事において問題となる．

　以上のように，津波被災地の雑草害を概観してみると，様々な場面で雑草が問題となっていることがわかる．しかし，現実的には水稲作を再開した後の本田における雑草害が喫緊の課題として取り上げられているだけであり，今後は農業生

産領域だけでなく，生態系や生活環境の保全について適切な方向性を導くためにも，地域全体の長期的な雑草調査の重要性を周知させることが重要と考えられる．

(3) 雑草対策

まず，津波被災農地に大発生したイヌビエの防除について考えてみる．翌年の発生を防ぐためにも，出来るだけ早急にノビエを防除することが求められたが，実際には，防除作業はスムーズに行われなかった．その理由として，1）イヌビエ以外にもガマ類やコウキヤガラなどの，多年生の強害雑草が大量に繁茂したこと，2）水田には，津波によって金属やガラス類などの瓦礫が散乱しており，水田圃場内への立ち入りが危険であるということの2点が挙げられる．このことから，通常の人力による除草剤散布やブームスプレヤーによる散布は実施不可能と考えられたために，本田に入らずに除草剤を散布することの出来る除草剤散布法が検討された．また，除草剤として，イヌビエはもちろんのこと，ガマ類，コウキヤガラ，クログワイなどの生育期の多年生雑草に対して高い除草効果を示す非選択性除草剤（グリホサートおよびグリホシネート）が選抜され，無人ヘリコプター（ラジコンヘリ）による散布が（財）農林水産航空協会の緊急措置のもとに登録された．本散布技術は平成23年の秋期から宮城県・福島県を中心に広く使用され，その農地整備に大きく貢献した．

この緊急的な措置は，あくまでも農業場面，特に水田を対象としたものであり，水田畦畔，道路，公園，宅地，里山周辺などの水田以外の場所を対象とした雑草管理については，検討すら始まっていない状況である．具体的な方法論になってしまうが，津波被災地域には，少子高齢化の進んだ農村が少なくない．草刈だけで雑草管理を進めようとすることは不可能であり，除草剤，生育抑制剤，被覆植物，被覆資材などを活用した総合管理技術の構築が求められる．ここでは詳細な説明を省くが，2,300万tにも及ぶ膨大な量の瓦礫処理が震災復興の大きな課題なっているが，一般廃棄物を無害化した焼成焼却灰を利用した防草技術が既に開発されており，瓦礫の資源循環と地元雇用対策の点から，このような新しい防草技術の活用が期待される．

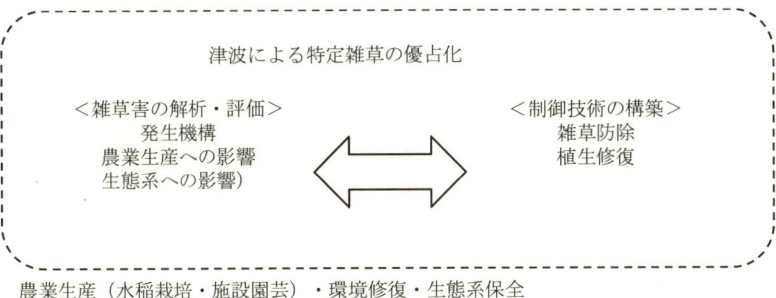

第4章　津波被災農地の雑草植生と復旧に向けた植生管理について　　（ 69 ）

```
           津波による特定雑草の優占化
    ＜雑草害の解析・評価＞          ＜制御技術の構築＞
      発生機構                       雑草防除
      農業生産への影響     ⇔         植生修復
      生態系への影響）
```

農業生産（水稲栽培・施設園芸）・環境修復・生態系保全

植物生態学・植物生理学・土壌肥料学・応用昆虫学・作物学
施設園芸学・農薬学・農業環境工学・農業経営学など

図3　雑草学と他の農学分野との関連性

4. 震災復興に関わる雑草学と他の農学分野との関連性

　雑草害一つを取り上げてみても，作物に対する直接的な害だけでなく，生態系や景観など，地域住民の生活に対する間接的な害など，多岐にわたっていることから，雑草学は栽培学，植物病理学，応用昆虫学，植物生態学，農薬学，土壌肥料学と云った作物保護や雑草の評価解析と防除に関わる学問領域と密接に関連していることがわかる．

　また，雑草は一般に人々の生活に害作用を与えるマイナス要因と考えられているが，プラス要因も持ち合わせている．例えば，塩類集積地や半乾燥地などの不良環境地の緑化であり，ファイトレメディエーションと呼ばれる重金属汚染土壌などを対象とした環境修復技術である．津波によって運ばれてきたヘドロには，肥料となる有機物も含まれているであろうが，カドミウム，銅，鉛などの重金属が薄い濃度で広範囲に拡散された可能性もある．このような条件では，客土や排土など土木工学的な手法は非現実的な修復技術であり，植物を用いた in-situ な土壌修復技術が効果的である．ファイトレメディエーションを実施する場合には，土壌分析においては土壌肥料学との，重金属吸収蓄積メカニズムにおいては植物生理学との，吸収蓄積植物の育成や現地への導入方法においては作物学や農業工

学などとの連携が想定される．津波によって引き起こされた被害の多くは，複数の学問分野が関連する複合的な被害であることから，上記の連携以外にも，多くの横断的な取り組みが期待される．

5. 今後の課題

最後に震災復興，特に津波被災地域を対象とした今後の課題について述べることとする．東日本大震災で受けたわが国の農業被害は歴史上，最大級のものであり，その修復には多大な労力，コスト，時間を要し，易々と達成されるものではない．これまで述べてきたように，震災復興は漸く途に着いたばかりであり，本格的な雑草調査はもちろんのこと，雑草害の評価・解析は全く始まっていない状況にある．

1万4千 ha もの広大な農地が一気に津波に飲み込まれ，そしてイヌビエによって覆われた現象は雑草学を専門とする者でなくとも，誰もが経験したことのない始めてのことであり，どのように対応して良いのか戸惑いだけが先行していたに違いない．農業生産や生態系と雑草との関係を，さも当然のように述べてきたが，これだけ実際的な問題となったとのはこれが始めてのケースであろう．しかし，このような危機的な状況においても，雑草に対する社会の理解度は未だに低い状況にあることから，震災復興を目的とした雑草学からの支援と同時に，雑草の重要性を人々に理解してもらう取り組みこそが最も重要な取り組みと考えられ

震災発生1年6カ月後の
宮城県亘理郡山元町の現状

除塩終了後に作付けした水田
宮城県山元町（平成24年度）

る．今後の具体的な課題としては，1) 農地を含めた地域全体の詳細な植生調査，2) 農業生産場面を含めた地域全体の雑草害の評価，3) 農地における埋土種子集団の挙動，4) 農地および生態系を含めた雑草管理技術の構築，5) 在来型植生の修復および不良環境地の修復を目指した雑草を用いた環境修復技術などが挙げられる．

写真に示すように，震災発生1年6カ月後においても，復興が殆ど進展していない多くの地域が残されている．また，除塩終了後に作付けを再開した水田でも，依然としてイヌビエが大繁茂している場合もある．

津波農地における雑草調査とデータ整理を第一期の活動とするならば，第二期の活動は継続的な調査と組織横断的な実際的な社会貢献である．日本雑草学会の震災復興プロジェクトは第一期の活動を終えたばかりであり，今後は，関連諸学会と連携して，より具体的な震災復興支援を進めて行く予定である．

謝 辞

数多くの貴重な資料を提供して頂いた宮城県古川農業試験場水田利用部の大川茂範 博士には，深甚より感謝申し上げます．

第5章　東日本大震災からの復旧・復興を目指した研究開発

西郷正道
農林水産省農林水産技術会議事務局研究総務官

1. はじめに

東日本大震災では，約 21,480ha の農地が津波被害を受け，多数の農業用施設が損壊した．また，福島県を中心に多くの農地が，東京電力（株）福島第一原子力発電所事故により放出された放射性物質により汚染されてしまい，農業生産が容易でなくなってしまった（図1.1～図1.4参照）．

＜東日本大震災における農林水産関係の被害＞
合計　2兆3,841億円

＜参考比較＞
・阪神大震災　　　：900億円（約 1/27）
・新潟県中越地震：1,330億円（約 1/18）

水産業関係被害

全国の漁業生産量の5割を占める7県（北海道、青森県、岩手県、宮城県、福島県、茨城県、千葉県）を中心に大きな被害

被害額合計：1兆2,637億円

漁船(28,612隻)	1,822億円
漁港施設(319漁港)	8,230億円
養殖関係	1,335億円
（内 養殖施設）	（738億円）
（内 養殖物）	（597億円）
共同利用施設(1,725施設)	1,249億円

※ 本表に掲げた被害のほか、民間企業が所有する水産加工施設や製氷冷凍冷蔵施設等に約1,600億円の被害がある（水産加工団体等からの聞き取り）

農林業関係被害

特に津波によって、6県（青森県、岩手県、宮城県、福島県、茨城県、千葉県）を中心に、総計2.1万haに及ぶ農地に被害が発生

被害額合計：1兆1,204億円

農地(18,186箇所)	4,006億円
農業用施設等(17,906箇所)(水路、揚水機、集落排水施設等)	4,408億円
農作物、家畜等	142億円
農業・畜産関係施設等(農業倉庫、ハウス、畜舎、堆肥舎等)	493億円
林野関係(林地荒廃、治山施設、林道施設、木材加工流通施設等)	2,155億円

図1.1　東日本大震災における農林水産関係の被害状況

図1.2　東日本大震災における農業の被害状況について（農林水産省発表資料）

図1.3　東日本大震災における水産業の被害状況について（農林水産省発表資料）

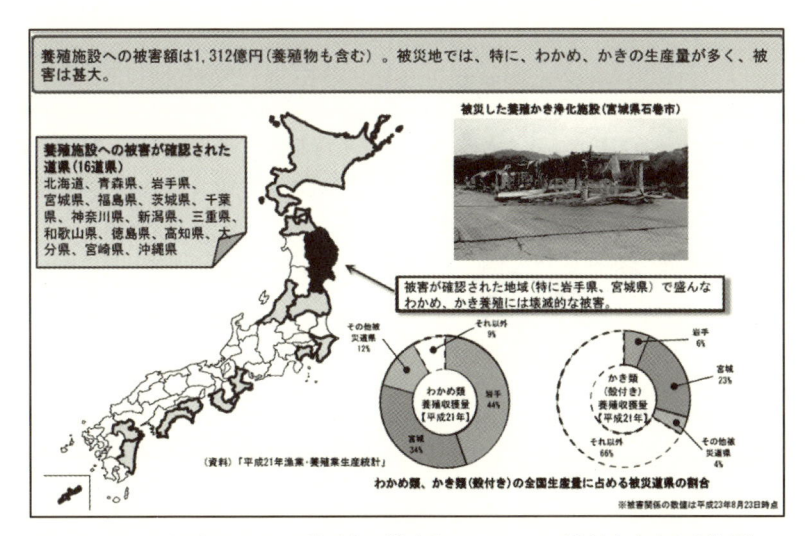

図1.4 東日本大震災における養殖業の被害状況について（農林水産省発表資料）

　しかしながら，農林水産業はまさに東北地方の基幹産業であり，農山漁村の復旧・復興がなければ，東北地方の再生はあり得ない．

　農林水産省では，この復旧・復興を少しでも加速するため様々な事業に取り組んでいるが，復旧の歩みを少しでも加速し，また単なる復旧に留まらず，わが国のモデルとなるような新たな農林水産業を展開するために研究開発を進めているところ，ここではその取組や結果について紹介する．

2. 福島第一原子力発電所事故による放射性物質汚染対策

　震災からの復旧・復興に取り組む際に，まずは東京電力（株）福島第一原子力発電所事故により放出された放射性物質により汚染された農地の復旧・再生を図ることが急務となっている．しかしながら，震災直後には農地の汚染実態も十分に把握できておらず，汚染除去対策を考える上で早急な実態把握が必要であった．

　農林水産省では，震災直後から農地土壌の汚染状況の把握とモニタリングに取り組み，東北・関東地方の15都県，約3,400地点の農地の放射性セシウム濃度を測定し，その結果を随時公表してきた（図2.1）．

さらには，農地の除染方法を早急に検討するため，福島県飯舘村，および川俣町において各種の試験的な除染方法の効果を確認する実証試験を実施し，農地土壌の除染技術の確立を進めた（図 2.2～図 2.4）．この試験を通じ表土の削り取りによる除染の効果を確認し，その成果を，平成 23 年度 12 月 14 日に環境省が公表した除染関係ガイドライン等に反映させた．

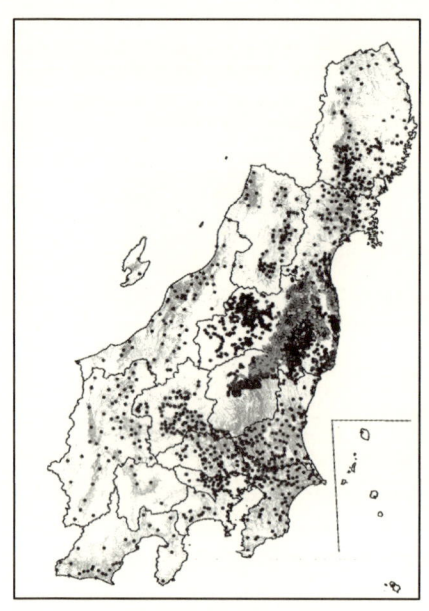

図 2.1　農地土壌の放射性物質濃度分布図
　　　　（平成 24 年 3 月 23 日公表）

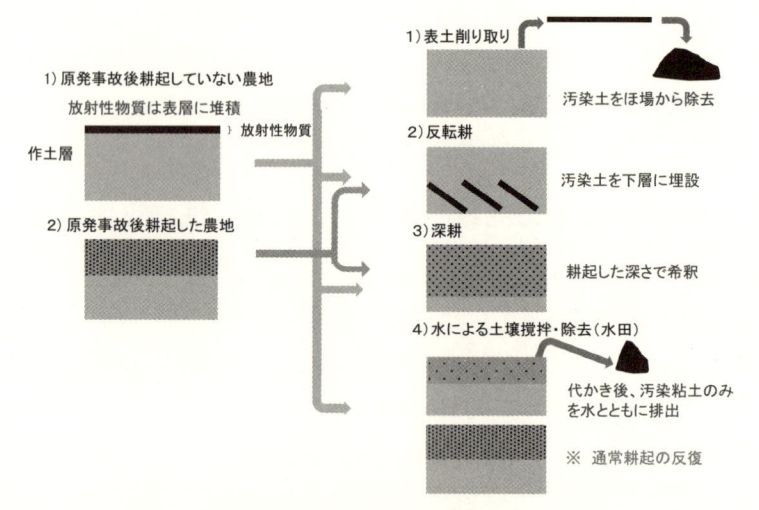

図 2.2　農地土壌からの放射性物質の除去のイメージ

第 5 章　東日本大震災からの復旧・復興を目指した研究開発

除染工法の特徴と課題

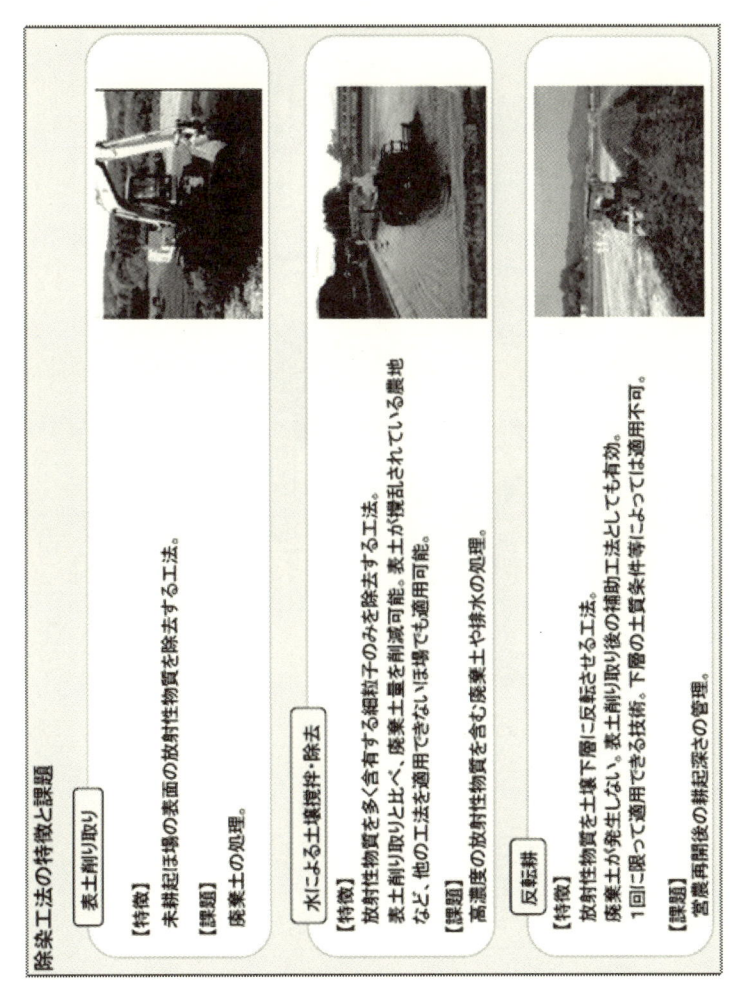

【表土削り取り】
[特徴]
未耕起ほ場の表面の放射性物質を除去する工法。
[課題]
廃棄土の処理。

【水による土壌撹拌・除去】
[特徴]
放射性物質を多く含有する細粒子のみを除去する工法。表土削り取りと比べ、廃棄土量を削減可能。表土が攪乱されている農地など、他の工法を適用できないほ場でも適用可能。
[課題]
高濃度の放射性物質を含む廃棄土や排水の処理。

【反転耕】
[特徴]
放射性物質を土壌下層に反転させる工法。廃棄土が発生しない。表土削り取り後の補助工法としても有効。1回に限って適用できる技術。下層の土質条件等によっては適用不可。
[課題]
営農再開後の耕起深さの管理。

図 2.3　各除染方法の特徴と課題（農地除染対策の技術書（平成 24 年 8 月 31 日）

土壌の放射性セシウム濃度別適用技術

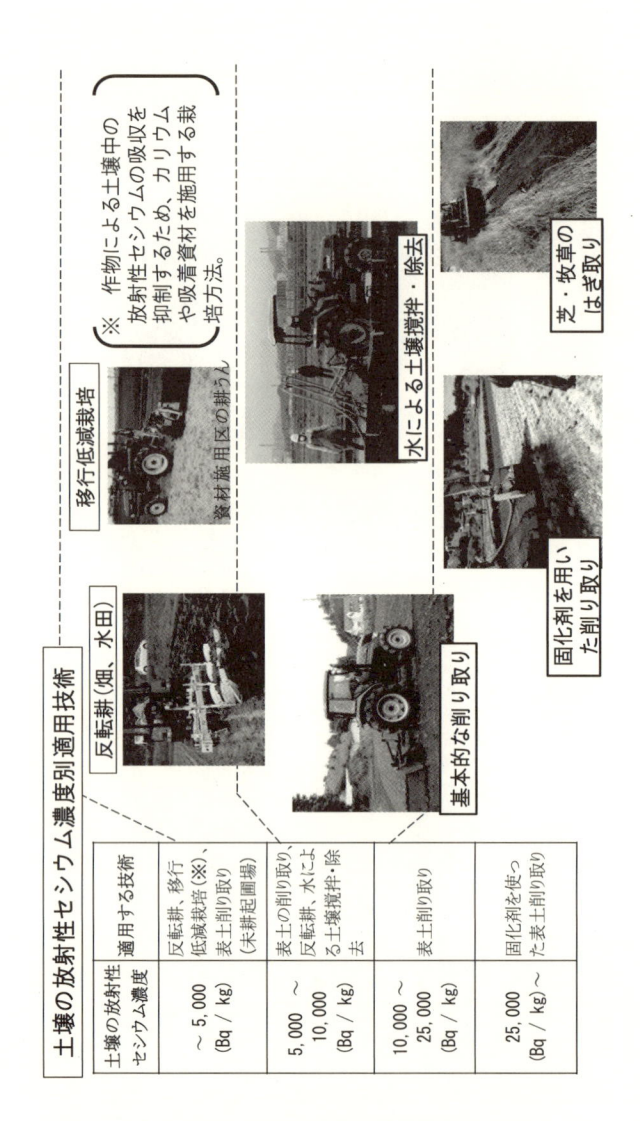

土壌の放射性セシウム濃度	適用する技術
〜5,000 (Bq/kg)	反転耕、移行低減栽培（※）、表土削り取り（未耕起圃場）
5,000〜10,000 (Bq/kg)	表土の削り取り、反転耕、水による土壌攪拌除去
10,000〜25,000 (Bq/kg)	表土削り取り
25,000 (Bq/kg)〜	固化剤を使った表土削り取り

移行低減栽培
※ 作物による土壌中の放射性セシウムの吸収を抑制するため、カリウムや吸着資材を施用する栽培方法。

反転耕（畑、水田）

水による土壌攪拌・除去

芝・牧草の はぎ取り

固化剤を用いた削り取り

基本的な削り取り

図2.4 農地土壌の放射性セシウムの濃度別の適用技術

　他方，農道や用排水路などの農地周辺施設の除染を行うための作業機の開発，作土層が薄いなどの理由で反転耕の実施が難しい農地，茶樹・果樹などの除染技術，牧草の放射能汚染低減技術，落ち葉や排土等の処理技術の開発にも継続的に取り組み，これらの成果は本年5月22日に公表した（図2.5〜図2.8）．

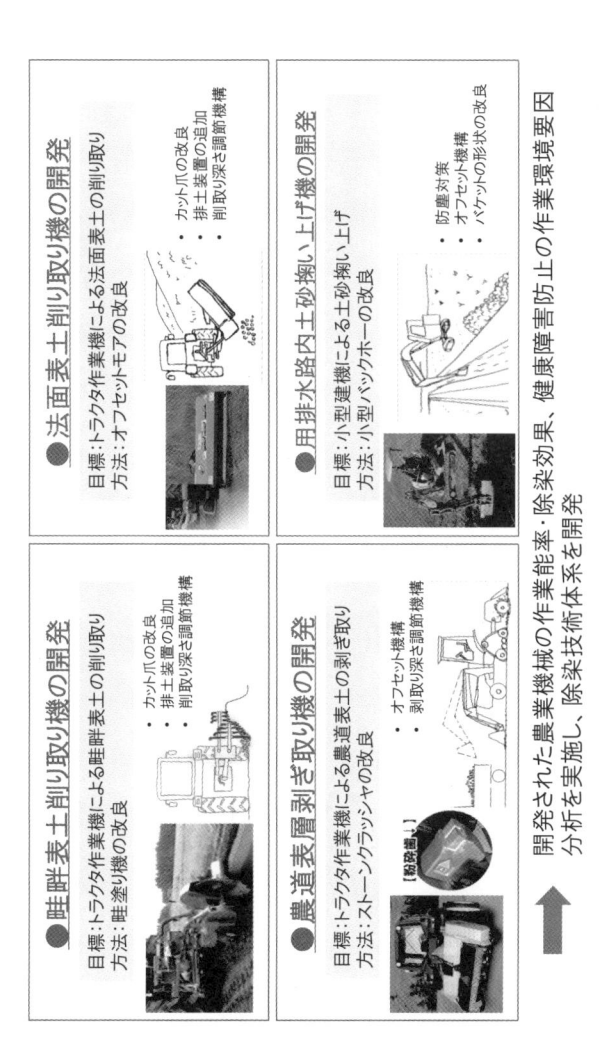

図 2.5　農業用施設、畦畔、農道等の除染技術の開発

なお、これらの研究成果を着実に現場で導入するため、必要な用具や具体的な作業手順等を示した農地土壌の除染技術の手引き（平成 24 年 3 月 2 日）や、工事実施レベルでの施工方法、施工上の留意点や施工管理方法等を示した「農地除染対策の技術書」（平成 24 年 8 月 31 日）を順次公表している。

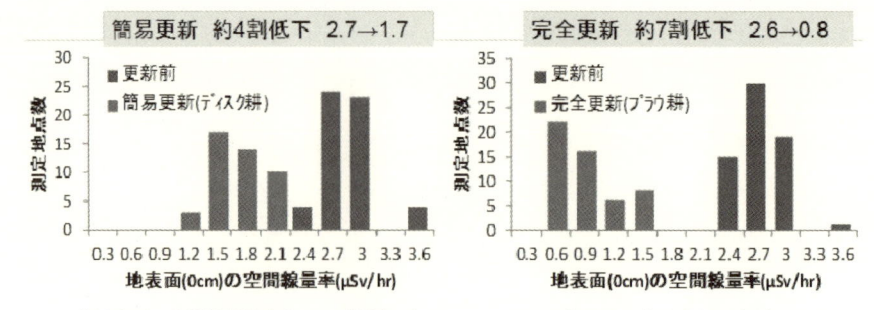

草地表面の空間放射線率を 10 m 間隔でサーベイメーター（TGS-121）を用いて測定
測定数　ディスク耕 33 点，プラウ耕 44 点

図 2.6　草地更新による空間線量の低下

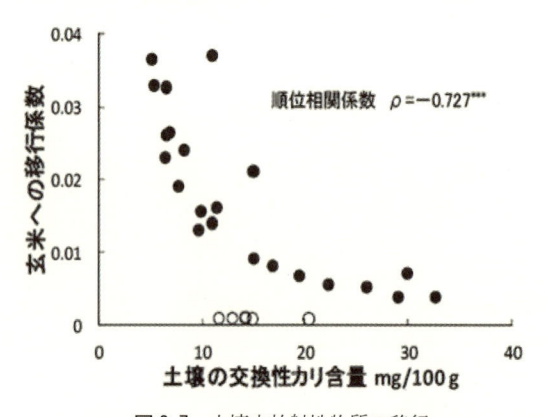

図 2.7　土壌中放射性物質の移行

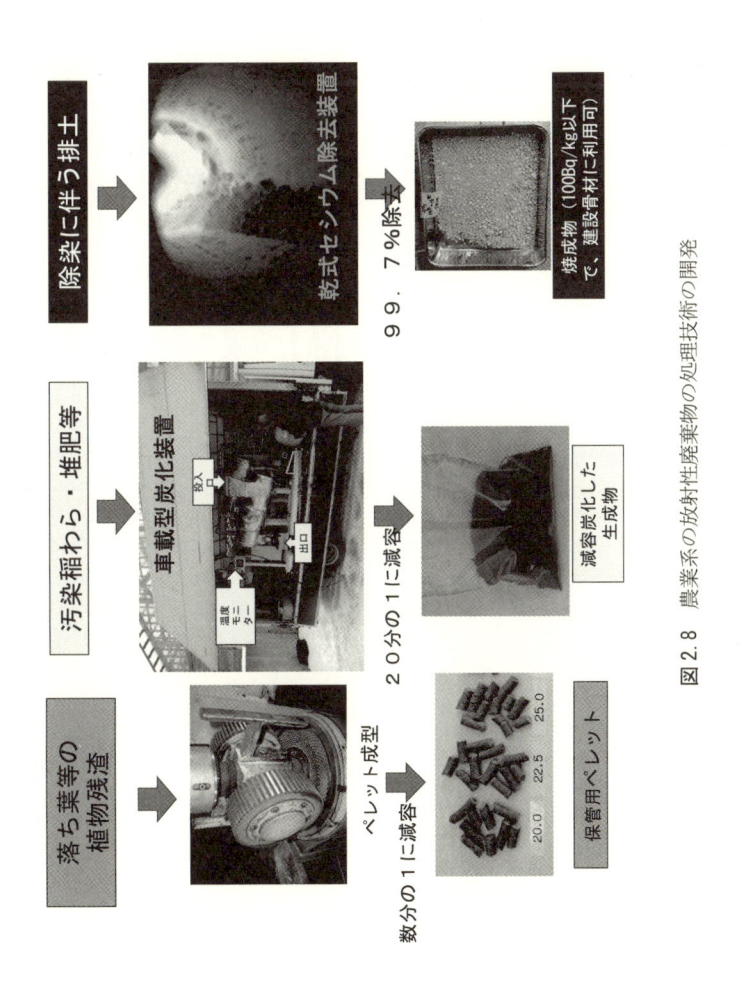

図 2.8　農業系の放射性廃棄物の処理技術の開発

3. 食料生産地域の再生に向けた研究開発

　除染事業や復旧事業を様々に推進し，仮に被災地を東日本大震災の発生前の状況に戻せたとしても，そこに浮かび上がる東北地域の農村の姿は，残念ながら，全国同様に，農家人口が減少し，高齢化が進展した姿である（図 3.1）．

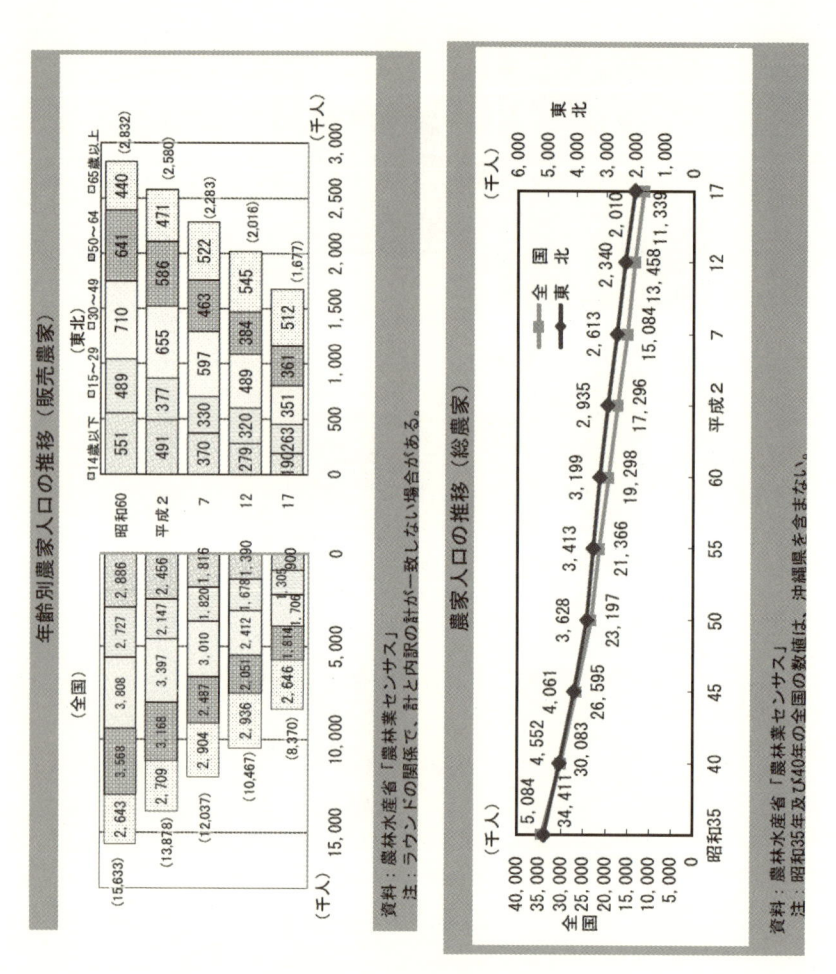

図 3.1 東北地域の農業の動向
(「平成22年度東北 食料・農業・農村情勢報告」より)

第5章　東日本大震災からの復旧・復興を目指した研究開発

　農林水産省では，「農業・農村復興マスタープラン」を策定し，平成26年度までに約9割の農地で営農再開を目指すため，除塩等の作業を急いでいる(図3.2).
　しかし，未曾有の大災害から，東北の農山漁村が立ち上がる際には，このような元の姿に単純に戻すだけでなく，将来の姿を見据え（図3.3～3.5）どのように被災地を再生するか十分に見据えた上で具体的な取組みを進めることが不可欠である.

① 農林水産業における農地の復旧状況

○ 6県（青森・岩手・宮城・福島・茨城・千葉）の津波被災農地21,480haのうち，約8,310haで除塩完了又は実施中（H24.3.31時点）
（H24年度までの営農再開目標8,550haをおおむね達成。）

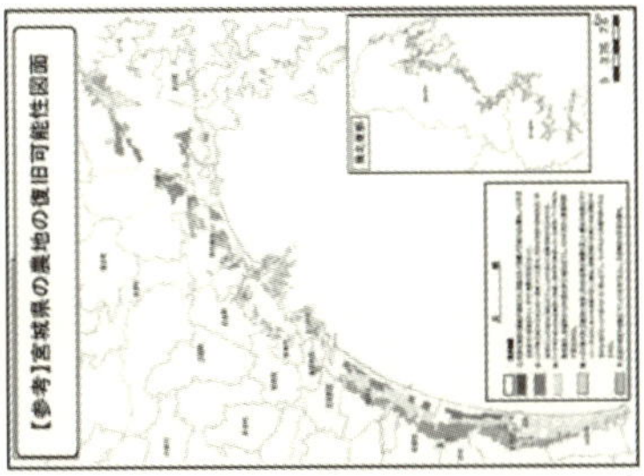

② おおむね3年間で農地を復旧

被災農地における年度ごとの営農再開可能面積の見通し

	24年度	25年度	26年度	その他	計
岩手県	230	140	350	10	730
宮城県	6,670	4,120	3,440	110	14,340
福島県	460	1,350	1,200	2,450	5,460
青森・茨城・千葉県	950	-	-	-	950
計	8,310	5,610	4,990	2,570	21,480
割合	39%	26%	23%	12%	100%

(注) その他は，水没した農地，原子力災害による警戒区域等

【参考】宮城県の農地の復旧可能性図面

図3.2　津波被災農地における年度ごとの営農再開可能面積

復興に向けた被災地の動き①

仙台市の復興計画

仙台市東部の農業地帯では、東日本大震災の津波により約2,120haの農地及び農業用施設等に甚大な被害が発生。

仙台市では、復興特区制度を活用し地域の農業の再構築を進めるため、仙台市復興推進計画「農と食のフロンティア推進特区」を申請、24年3月2日に認定された。（左下図参照）

当該特区においては、新規立地新設企業の法人税を5年間無税とする措置等を活用することで、新たな農業法人の設立や加工・流通産業、試験研究関連産業等の集積を図る。

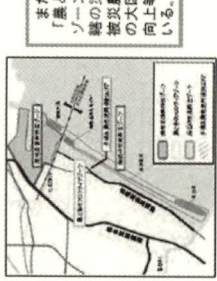

また、同特区内（左図の「農と食のフロンティアゾーン」）において、国営等の災害復旧事業を実施し、被災農地の早期復旧や農地の大区画化による生産性の向上等を目指すこととしている。

仙台市東部地区の土地利用のイメージ 仙台市「震災復興計画」

直轄特定災害復旧 「仙台東地区」

津波により被災した農地約1,800haについて、平成26年度を目途に営農が再開できるように、農地復旧及び除塩工事を実施するとともに、ほ場の大区画化等を検討。

農地大産事力が実施する事業

区分	事業名	事業内容
復旧事業	除塩事業	海水が浸入した農地の塩害除去
	施設復旧事業	被災した農業用施設の復旧
	農地復旧事業	被災した農地の復旧
関連事業	区画整理事業	農地の復旧と併せて実施する区画整理（洋堤整備）

ほ場区画計画の基本的な考え方
（24年1月 住民説明会資料）

地区名	現況の整備状況	区画当りの基本方針
高砂	〜30a区画 農道・用排水路は整備済	1区〜30a区画 農道・用排水路は再編・整備
七郷	〜30a区画 農道・用排水路は整備済	1区〜30a区画 農道・用排水路は強化整備 用水系統はパイプライン化
六郷	〜10aの小区画 農道・用排水路は未整備	1区〜30a区画 農道・用排水路は整備 用排水路は整備

※ 農地の区画の大規模化や集約化などを迅速かつ円滑に実施するため、今回にかぎり農業者負担分を仙台市が負担

ほ場整備後の仙台東地区イメージ

図3.3 復興に向けた被災地の動き（圃場の大区画化）

第5章　東日本大震災からの復旧・復興を目指した研究開発

復興に向けた被災地の動き②
～水産加工流通施設等を活用した地産業復興の動き～

石巻の被災状況
○ 防波堤、岸壁、市場施設、水産加工団地等が壊滅。
○ 約70cmの地盤沈下により、満潮時には、漁港及び水産加工団地へ海水が流入し、冠水する状況に。

これまでの取組み
岸壁・漁港施設用地の一部を嵩上げし、背後の水産加工団地への海水の流入を防止（23年末完了）。

復旧・復興に向けた取組み
背後への海水の流入防止を行うための漁港施設用地の嵩上げ

今後の取組み
① 24年4月より、岸壁・漁港施設用地の嵩上げと合わせ、背後の水産加工団地の土地の嵩上げ工事に着手。
② 荷さばき所等の復旧の進捗に合わせて、高度衛生管理に対応した荷さばき所の整備を実施。海外への輸出をも視野に力強い産地としての復興を目指す。

図 3.4　復興に向けた被災地の動き（水産業復興に向けた取組み）

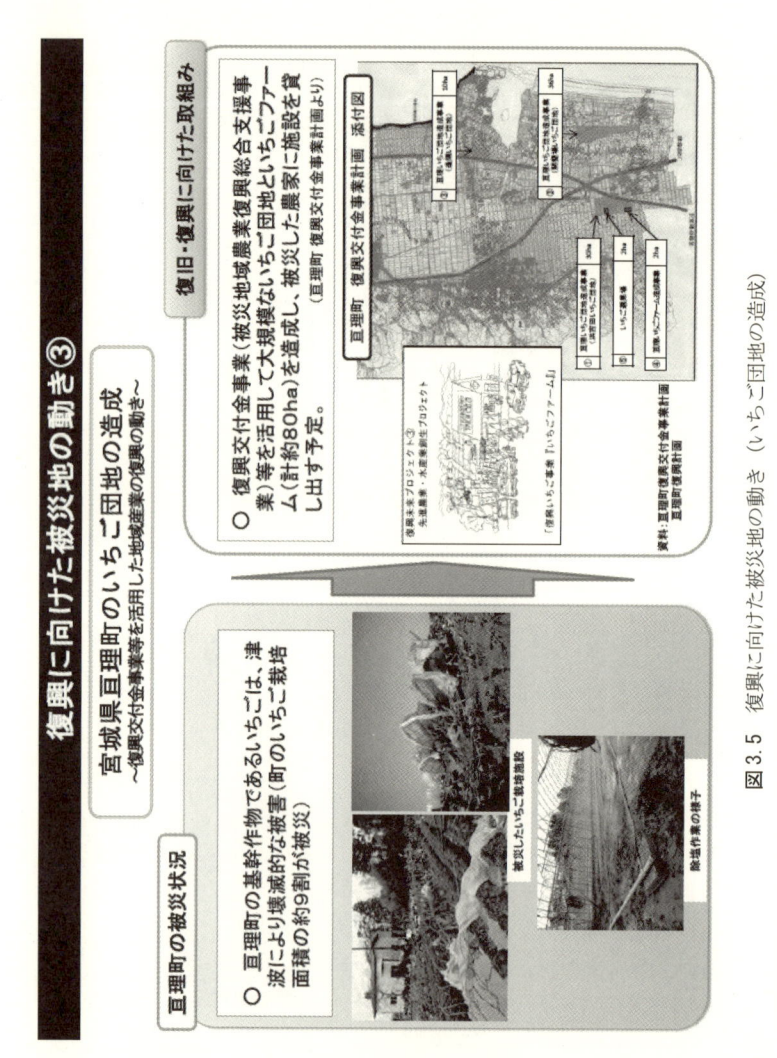

復興に向けた被災地の動き③

宮城県亘理町のいちご団地の造成
〜復興交付金事業等を活用した地域産業の復興の動き〜

亘理町の被災状況

○ 亘理町の基幹作物であるいちごは、津波により壊滅的な被害（町のいちご栽培面積の約9割が被災）

被災したいちご栽培施設
撤去作業の様子

復旧・復興に向けた取組み

○ 復興交付金事業（被災地域農業復興総合支援事業）等を活用して大規模ないちご団地といちごファーム（計約80ha）を造成し、被災した農家に施設を貸し出す予定。（亘理町復興交付金事業計画より）

「亘理町復興交付金事業 添付図」

「東日本未来プロジェクト 先進農業・水産業新生プロジェクト」
「復興いちご事業『たいらファームII』」

資料：亘理町復興交付金事業計画
亘理町復興計画

図3.5 復興に向けた被災地の動き（いちご団地の造成）

　今回の大震災では、津波により非常に広範な地域が浸水し、多数の農業資材が被害を受けたため、復旧・復興に際し、大規模な基盤整備や設備更新が短期間に集中的に展開される。また、被災地の基幹産業である農林水産業の再生に役立ちたいと、従来は農業に関心の薄かった方を含め、農業・農村に高い関心が寄せられている。

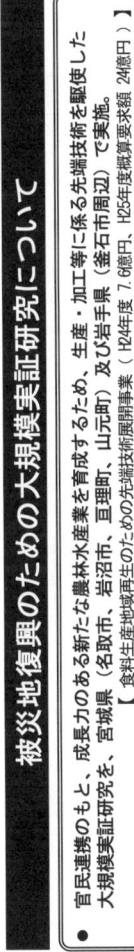

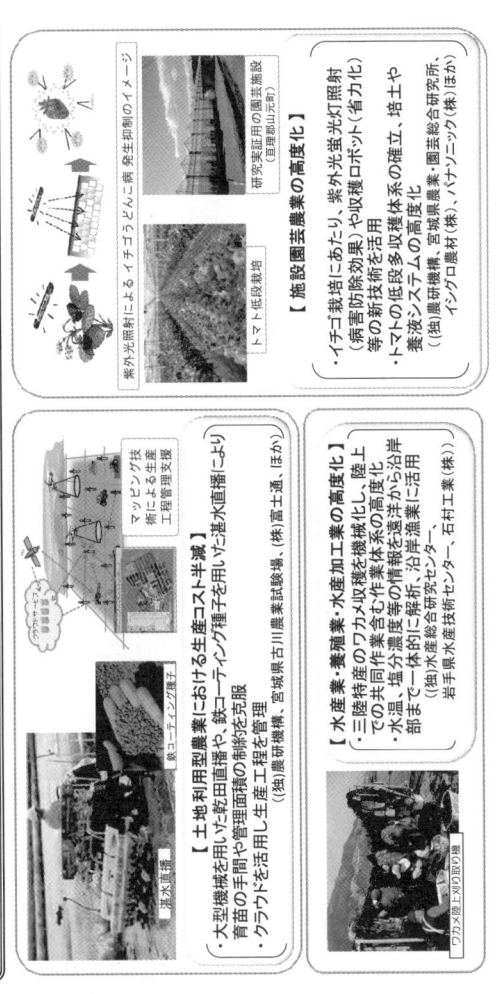

図 3.6 食料生産地域再生のための先端技術展開事業の概要

　この様な状況は，従来の農村では遅々として導入が進まなかった，新しい技術や，新しい栽培方法などを導入するには絶好の機会ではないだろうか．まさに今こそ，これまでわが国が蓄積してきた先端技術を被災地に集中投下し，新しい農業の体系を，実証的に世に示すことが求められている．農林水産省ではこのような視点で，被災地における大規模実証研究「食料生産地域再生のための先端技術展開事業」（図 3.6）を平成 23 年度末より開始している．

4. 復興を加速するための研究の考え方と実施内容

先端技術展開事業では，全国の研究機関が既にお持ちの技術を被災地に集中投下するための研究事業を多数展開し（図 4.1），東日本大震災で農地や生産資材

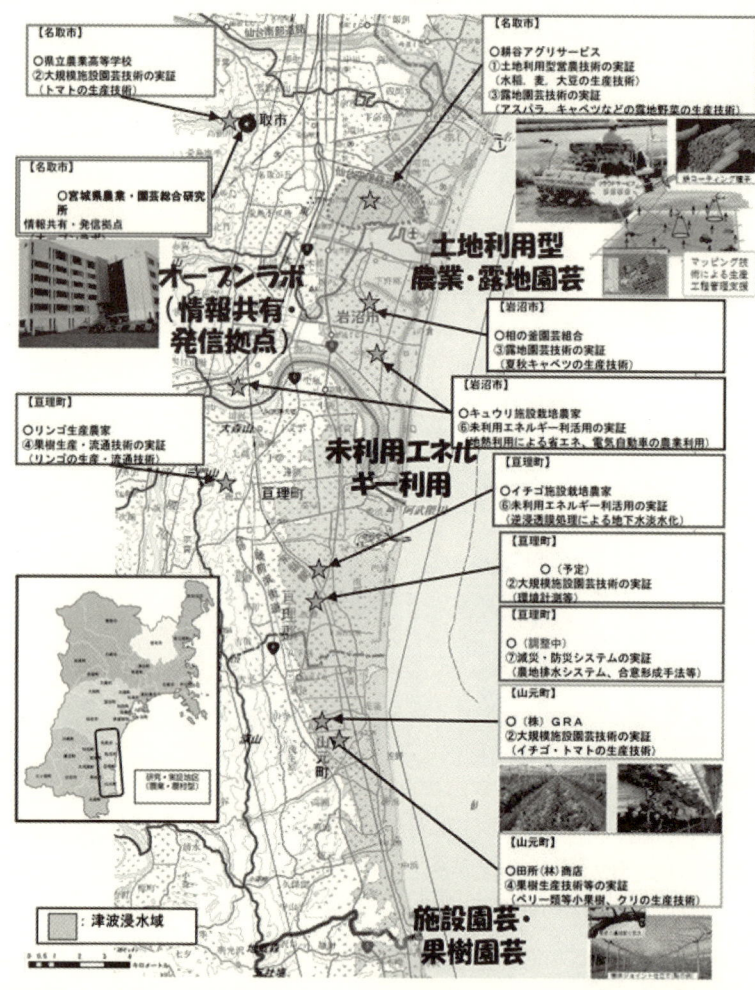

図 4.1 「食料生産地域再生のための先端技術展開事業」農業分野の研究実施状況
（宮城県南部沿岸地域）

第5章　東日本大震災からの復旧・復興を目指した研究開発　　（89）

など殆どの生産基盤を失ってしまった生産者の方々が，震災により環境が激変してしまった被災地において，新たに農林水産業を開始する際に活用可能な技術を被災者に身近で見て頂くことを重視している．

　平成 24 年度は，宮城県南部沿岸地域に研究・実証地区を設定し，大区画圃場における土地利用型農業における低コスト化を目指した実証（図 4.2），大規模な園芸施設において高度に環境を制御し高品質で収益性の高い農産物を効率的に生産する技術の実証（図 4.3）等を推進すると共に，大規模な営農をサポートする IT 技術の活用や，労働力の平準化を行うために組合せ可能な野菜栽培技術の体系化，暖房費や電力経費を抑制するための地熱・太陽光等の未利用エネルギーの活用にかかる技術実証等を実施している．

図 4.2　土地利用型農業関係の実証研究の概要（宮城県名取市で実証研究を実施中）

図 4.3 大規模施設園芸関係の実証研究の概要
（宮城県亘理郡山元町で実証研究を実施中）

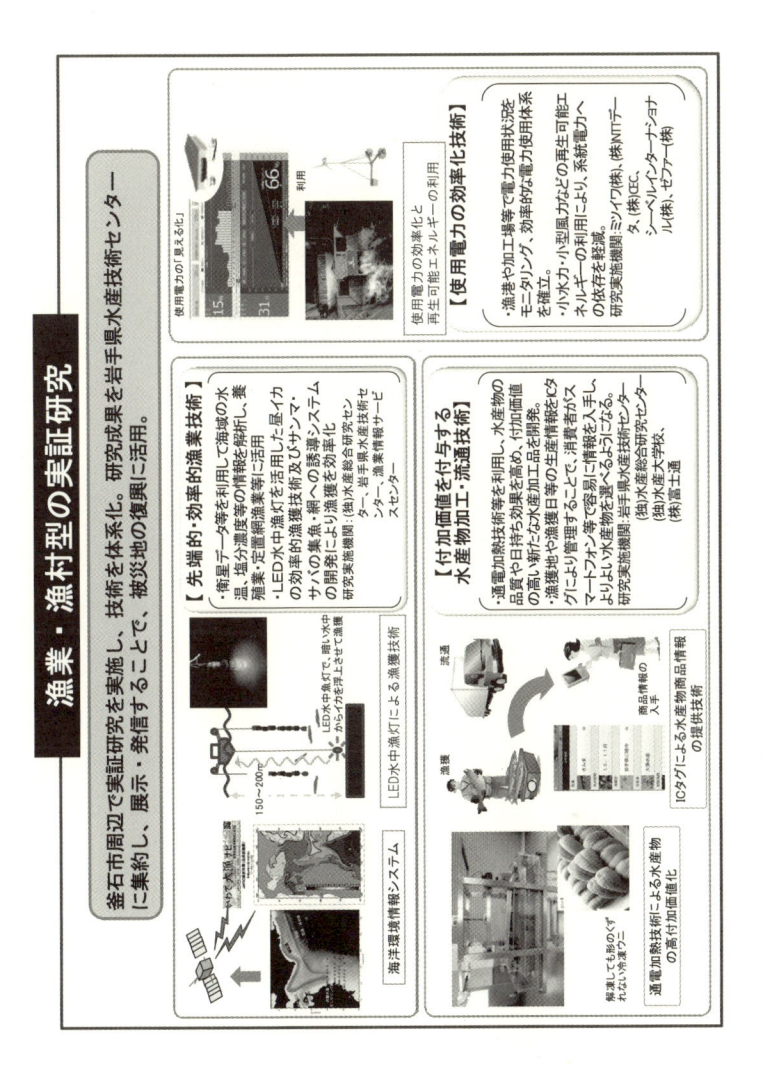

図 4.4 水産関連技術の実証研究の概要（岩手県釜石市周辺で実証研究を実施中）

また，岩手県では同様に，水産分野の実証研究を推進している（図 4.4）

本事業は，現在まさに推進されている各種復興事項に数歩先んじる形で，生産者の視点で様々な先端技術を組み合わせ，具体的な技術体系を示すこと目指している．このため，様々な研究を実施するだけでなく，その研究内容を被災地の生産者に紹介し，意欲のある生産者にその技術を伝える活動も同時に推進している．

先端農業情報ステーション（AIS）
～「食料生産地域再生のための先端技術展開事業」（先端プロ）の情報積集発信基地～

宮城県農業・園芸総合研究所内に拠点を置いて、生産者、農業関係団体、技術普及関係団体、学校関係者等幅広い方々に、先端プロ実施状況及び研究実証地見学案内等の現地案内と、実証研究に関するパネル展示・映像展示を行っています。

AISの役割

○ 先端プロに関する情報の集積と発信
・事業実施状況及び成果の発信
・場内パネル展示と成果の案内
・実証試験現地の案内
・ホームページの運営管理

○ 先端プロに関する研究者間ネットワークの構築

一般向け場内案内と現地案内について

〈場内案内〉
・月〜金　10:00〜16:00（随時）
・1回60分程度、30名程度まで
・希望日の3日前までにお申込みください

〈現地案内〉
・毎週火曜日、木曜日 9:30〜16:30の間
　午前コース　9:30〜12:00の間
　　　　　　名取地区、山元地区のいずれか
　午後コース　13:00〜16:30の間
　　　　　　名取地区、山元地区の2地区
・1回30名程度まで
・希望日の前々週の金曜日までに申込みください。
・現地での移動手段は各自でご配慮お願いします。

〈申込み方法〉
FAX申込み用紙に希望日時、人数、代表者の所属、氏名、連絡先、希望内容を添えて、連絡窓口まで申込みください。

連絡窓口・申込先

宮城県農業・園芸総合研究所企画調整部内（担当：高田、大沼）
所在地：宮城県名取市高館川上字東金剛寺1
電話：022-383-8118
FAX：022-383-9907

図4.5　研究成果の情報発信の取り組み事例

　本事業を通じ、全国の研究機関がお持ちの優良な研究成果が被災地で実証され、その結果を被災地の復興に役立てることを推進してまいりたい（図4.5）．
　（以上）

第6章 震災復興を担う木造建築における地域材の活用の意義と可能性

板垣直行
秋田県立大学システム科学技術学部建築環境システム学科

1. はじめに

　東日本大震災においては，津波の発生により人的・物的に未曾有の被害がもたらされた．命を落とされた方々のご冥福をお祈りすると共に，被害を受けた方々に改めてお見舞いを申し上げたい．

　この被害を目のあたりにし，自然の力に対する人の無力さに途方に暮れる思いであったが，その一方で，この厳しい自然の猛威に対し建築はどうあるべきか，そして復旧・復興に当たり建築として何が出来るかを，建築に携わる者として考えずにはいられなかった．幸いこのような機会を頂いたので，震災における被害を振り返りつつ，そこから見えてきた木造建築の意義と可能性について，述べさせて頂きたい．

　今回の震災では極めて広範囲に被害がおよび，直後は大変混乱した状態が続いていた．特に津波被害地域では，被害を把握する自治体自体が甚大な被害を受け，被害状況が掴めない市町村もあった．その一方で，マスメディアにより被災地の映像が報道され，凄惨な被害状況が世界中に伝えられた．その象徴的な被害の一つは津波により次々と流されていく住宅であったかと思う．住宅そのものが車などと共に津波によって流されていく様や，波が引いた後に跡形もなく家が消えてしまった街の光景，破壊された住宅がたどり着いた残骸の山は，津波に対する木造住宅の脆弱さを印象付けるものとなってしまった．これにより，木造建築に対

する否定的な意見も数多く聞かれたが，被害実態が明らかになるにつれ，そのような見解が必ずしも適正でないことも明らかとなっている．

一方，震災の発生から1年半が経つものの，その広域かつ甚大な被害に対し，未だ復旧すら十分に進んでいない地域も存在している．これは高台移転問題などにより，グランドデザイン策定に遅れが生じたことも要因であるが，被災した地域の方々が未だ自分たちで復興に取り組める状況になっていないためと思われる．地域の復興においては，新たに住宅や施設が建ち並んで街を形成することのみならず，地域産業，経済が回りだし，地域の人々の生業が確保され暮らしが安定していくことが重要であると考えられる．逆に被災した方々にとっては，仕事が安定しない限り，なかなか新たな住まいの建設に踏み切れないとの声も聞かれる．

この点について，地域材を活用した木造建築の生産がその役割を担う一つとして期待されている．すでにいくつかの被災地に建てられた地元公募型の木造による応急仮設住宅が，その有効性を示しており，今後整備される災害復興公営住宅においても，地域材を活用する方針が挙げられている．さらに民間の復興住宅においても，地域材，地域職人の活用を主眼に置いた地域型復興住宅の支援が進められている．

本稿では，震災における被害を振り返る一方で，復旧・復興における地域材の活用事例を紹介し，震災復興における地域材活用の意義と今後の可能性について考えていきたい．

2. 東日本大震災における木造建築の被害[1,2]

(1) 被害の概要

震災より1年半以上が経過し，被害調査の報告[1-4]はもとより，それを踏まえた分析結果，提案もすでに出されつつある．国土交通省国土技術政策総合研究所および独立行政法人建築研究所では，最終報告書[5]を平成24年3月に公表し，調査結果や，新たな技術基準策定のための研究成果などをまとめている．社団法人日本建築学会においても，平成23年8月には「2011年東北地方太平洋沖地震災害調査速報」[1]を発刊し，現在その調査結果を踏まえた報告書の作成に取り組んでいる．いずれ，それらの分析結果がさらに精査され，被害の全容も明らかに

第6章 震災復興を担う木造建築における地域材の活用の意義と可能性　（ 95 ）

なっていくことと思うが，現段階ではまず被害の報告に留めておきたい．
　東日本大震災の建築被害については，①振動そのものによる被害，②振動による地すべり，液状化といった地盤被害に伴う建物被害，③津波被害，が挙げられるが，木造建物においてもこれらのそれぞれに起因する被害が発生している．
　今回の地震において地震動により被害を受けた木造建物は東北から関東にかけて非常に広範囲にわたり報告されているが，各地域の計測震度に比して，振動による損傷の程度は大変軽く，倒壊などの甚大な被害を被った建物は，被害率としてはごく僅かと言える．図 2.1 は東北地方太平洋沖地震と兵庫県南部地震の速度

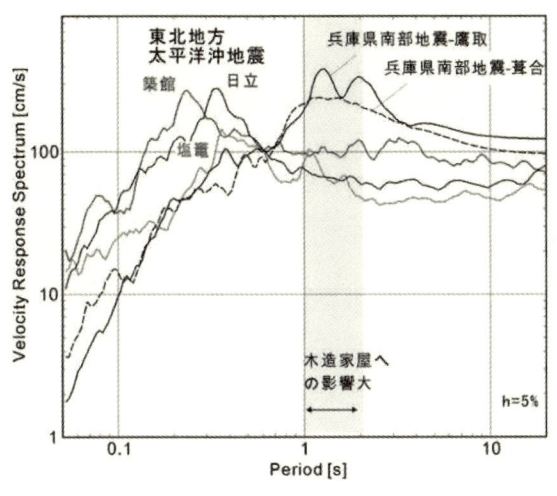

図 2.1　速度応答スペクトルの傾向[5]

表 2.1　観測された大振記録[1]

No.	機関	観測点	場所	計測震度	最大加速度 (cm/s/s)	最大速度 (cm/s)*
1	防災科研	MYG004	栗原市築館	6.6	2,700	94
2	東北工業大学	smt.CCHG	仙台市若林区荒井	6.5	1,074	－
3	東北工業大学	smt.IWAK	仙台市宮城野区岩切	6.4	859	－
4	東北大学	dcr.009	仙台市泉区松森	6.4	821	88
5	防災科研	MYG013	仙台市宮城野区苦竹	6.3	1,517	74
6	気象庁	4B9	大崎市古川三日町	6.2	550	85
7	防災科研	MYG006	大崎市古川北町	6.1	572	98
8	東北大学	dcr.018	仙台市若林区沖野	6.1	512	79
9	防災科研	FKS016	福島県白河市新白河	6.1	1,295	59
10	東北工業大学	smt.NAKI	仙台市泉区七北田	6.1	1,853	－
11	東北大学	dcr.023	仙台市若林区卸町	6.1	613	77

*カットオフ周期で50sで計算

応答スペクトルと周期の関係を示したもの[5]であるが，東北地方太平洋沖地震では周期 0.3 秒前後の短い周期の地震動成分が強く出ている．これに対し，木造家屋の倒壊に結びつく周期 1〜2 秒の地震動のレベルは低く，1995 年兵庫県南部地震で震度 7 を観測した鷹取や葺合地点の 1/3 程度である．このような強震動の周期特性が，木造家屋の全壊率が地震の規模に比べて小さかった原因と考えられる．また，表 2.1 に示すように宮城県栗原市では震度 7（計測震度 6.6）の最も高い震度を記録したが，その被害は必ずしも大きくなかった．これも上記の周期特性に関係することであるが，加速度が突出して大きい割に最大速度はそれほど大きくなく，建物被害に結びつかなかったと言える．

この理由により，建物への振動そのものにより大破した住宅は，殆どが耐震基準を満たさない古い年代の建物で，著しく耐震性が低いようなものであった．一方，地盤により局所的に地震動が増幅，変化するなどして，比較的新しく耐震性も高い建物でも大きな被害に至っているものも見られた．また，住宅と異なり，詳細な構造計算が求められる近年の大規模木造建築などにおいては，構造的に問題となる被害の報告はごく僅かであった．

津波被害については，まさに未曾有の被害であったが，木造住宅がいとも簡単に流出してしまったことは，今までその耐震性向上に取り組んできた我々研究者にとっても大きなショックであった．基本的に木造建築は重量が軽く，住宅の規模であれば耐震性から必要とされる層せん断力（横から受ける力に対する抵抗力）は，それほど大きくない．それに加え，木造の建物では浮力の影響も大きく，これほどまでの被害が生じたと考えられる．しかしそのような中でも，津波に対して流出しなかった木造建築も存在している．また，近年の構造計算された大規模木造に関しては，それなりに損傷を受けているものもあるが，いずれも流出を免れている．

(2) 地震動における被害

倒壊・大破などの甚大な被害に至った木造住宅は，震源に近い東北北部よりも，東北南部の福島，さらには栃木や茨城など関東北部に多かったようである[1-5]．福島県では，郡山市の全壊家屋が 1,300 棟と最も多く，隣接する須賀川市，鏡石町，矢吹町，白河市もそれらに続き，全壊被害が多く生じた．

第6章　震災復興を担う木造建築における地域材の活用の意義と可能性　　（ 97 ）

図 2.2　倒壊した国見町一丁田の家屋群

図 2.3　倒壊家屋裏の擁壁の崩壊

　図 2.2, 図 2.3 はそれらよりやや北に位置する国見町役場近隣の一丁田における倒壊家屋である．これらの家屋の倒壊は図 2.3 に見られるように裏側の擁壁の崩壊にも起因していると考えられるが，基礎を含め建物自体にも問題があったと考えられる．隣接する大枝道地区でも倒壊家屋や大きく変形が生じた住宅もみられたが，これらも基礎に大きな亀裂が入るなど地盤の影響を示す被害が生じていた．
　福島市沼ノ上のあさひ台団地では，国道 4 号線側の斜面の地すべりに伴い，図 2.4, 図 2.5 のように，住宅が宅地と共に大きく滑り落ちる状況がみられた．これ

図 2.4　倒壊した国見町一丁田の家屋群

図 2.5　倒壊家屋裏の擁壁の崩壊

らの住宅には比較的新しいものが多く，基礎・上屋の構造耐力が高いと考えられ，建物自体は崩壊していなかった．図 2.5 の住宅は設計士である施主が 3 年前に建てた住宅で，構造耐力も高めに設定し，基礎もダブルに配筋したベタ基礎としていたそうである．道路から 1 階分地盤が下がっていたが，建物自体は殆ど変形せずに形状を維持しており，サッシュも開閉できるとのことであった．

　宮城県では，大崎市における被害が顕著であり，全壊 297 棟，大規模半壊 74 棟，半壊 447 棟，一部損壊 3,339 棟という報告がされている．市の中心部の古川七日町から十日町では通り沿いの店舗の多くに被害がみられ，図 2.6 の築 200 年以上の酒蔵を 2007 年に改修した店舗群では，外壁の土壁が大きく割れて剥落したり，図 2.7 のように屋根面が落下する大きな被害が生じた．

第 6 章　震災復興を担う木造建築における地域材の活用の意義と可能性　　（ 99 ）

図 2.6　酒蔵を改修した店舗の土壁の損傷

図 2.7　土蔵建物の屋根の落下

　大崎市の西側に位置する岩出山町に存在する国指定文化財（史跡および名勝）の旧有備館は，図 2.8 のとおり主屋が倒壊する被害を受けた．主屋は池を中心とした庭園を観賞するように東側と南側にはほぼ壁が無く，2008 年の岩手・宮城内陸地震の際にも柱が折損し，仮補強した状態であった．その改修・耐震工事を行う矢先の被災であった．
　一方，大崎市の北東に位置する登米市に建つ，国指定重要文化財の旧登米高等尋常小学校校舎では，軸組境界部でのずれや図 2.9 のような漆喰・土壁の剥落が見られたものの，構造的に甚大な被害には至らなかった．

また，伝統的技術を用いて平成7年に復元された宮城県白石市の白石城天守閣は，土塗壁に亀裂が入り，外壁の漆喰の剥落が見られたが（図2.10），構造軸組には全く損傷は見られなかった．

今回の地震では，これらの他にも土塗壁，漆喰の損傷が数多く報告されている．土塗壁は比較的剛性は高いものの耐力が低く，今回の地震動の特性により被害を受けやすかったと考えられる．

先に述べたように，住宅以外の大規模木造においても，基本的に被害は軽微であり，特に壁量計算以外の構造計算を必要とする近年の大規模木造における大きな被害は，ほぼ報告されなかった．

震度が高かった栗原市には集成材による2方向ラーメン構造の庁舎（図2.11，築6年弱），LVLを用いたラーメン構造の木造校舎（図2.12，築5年程）が存在したが，内装仕上に軽微な損傷があったのみで，主要構造部材の被害は確認されなかった[8]．

東日本大震災においては，振動そのものによる被害は比較的少なく，大破した木造建築は，

図2.8　倒壊した旧有備館主屋

図2.9　旧登米高等尋常小学校土壁の損傷

図2.10　白石城天守閣の土壁の損傷

古い年代の極度に耐震性の低いもの，また地盤の影響を受けたものと考えられた．一方，構造的な被害は軽微であっても，瓦屋根や仕上げの被害が多数見られており，特に土塗壁・漆喰仕上げなどの被害が目立った．これらの被害傾向には，今回の地震における強震動の周期特性が関係していると考えられる．

（3）津波における被害

図2.13は，筆者が最初に自身の目で見た名取市閖上の津波被害の光景である．わが国の過去においても，明治三陸地震をはじめ，いくつかの津波の記録が残されており，比較的最近の1993年北海道南西沖地震による津波については，報道により目にもしていた．しかし，今回，

図2.11　庁舎建物内部のラーメン架構

図2.12　栗原市学校教室の屋根架構
（図2.11，図2.12写真提供：
森林総合研究所　青木謙治 氏）

3.11の東日本大震災における津波被害を目の当たりにした時，それはとても現実の出来事とは思えなかった．その圧倒的破壊力は，我々が地震に対して取り組んできたことが，あまりに無力なことのようにも思えた．建築として目指していた「安全・安心な暮らし」とは何だったのか，はじめはただ途方に暮れる思いであった．それでも被害調査に携わり，その被害から立ち上がろうとする被災地の方々，そしてそれを支援する方々に接し，やはりそこで生きていく人々のために，建築として何をすべきかを考えるべきと思えた．そのためには，まずは今回の津波の被害を記録し，その被害から教訓を得る必要がある．以下，調査において見られた典型的な被害の事例を紹介する．

図 2.13　名取市閖上の津波被害

図 2.14　残された住宅の基礎と土台　　図 2.15　単独で流出せずに残った住宅

　写真 2.2 は，名取市閖上における流出した木造住宅の跡である．このようなコンクリート基礎，さらには土台だけが残された住宅跡が，海辺に近く，かなりの流速で波が建物に衝突していると考えられる地域で，多数存在している．土台を固定するアンカーボルトが大きく変形し，基礎が損傷を受けている状況などから，建物にかなりの津波荷重（水平力）が加わり，土台部分が大きなせん断力を受けたことが推察される．

　しかしながらこのような地域でも，流出しなかった住宅もいくつか存在している．他の建物や植栽などにより波の衝撃が弱められているケースも多いが，同じく名取市閖上における図 2.15 の例のように，周辺の住宅が流出する中で単独で残存しているものもある．流出しなかった理由はいくつか考えられるが，図 2.15 からわかるように 1 階の壁が波の進行方向に突き抜けて破壊しており，波の力が

図 2.16　漂流した住宅

図 2.17　南三陸町歌津の公民館施設

図 2.18　石巻市北上町の庁舎施設

低減したことが考えられる．

　図 2.16 は岩手県山田町における被害住宅であるが，基礎ごと浮き上がり移動している．比較的新しく，構造的にもしっかりした造りであるが，それゆえに壁や土台部分が破壊せず，浮力によって基礎と共に移動したものと考えられる．このように，基礎ごと漂流した住宅も，数は少ないが存在している．

　図 2.17〜図 2.19 は，南三陸町，石巻市北上町における大規模木造の被害状況である．いずれもかなり高い浸水深であり，また壁が殆ど突き破られ，さらには屋根に波が突き抜けた形跡も見られることから，流速もかなり速かったと考えられる．これにより，建物自体は大きな損傷を受けているものの，主要架構の損傷は必ずしも大きくなかった．これらの大規模木造では，柱脚部が直接 RC 造の基礎などに緊結されており，また軸組部材および架構の耐力が高いため，流出，倒壊には至らなかったと考えられる．

図 2.19　庁舎施設内部の軸組架構

図 2.20　被災した大断面木造の事務所

図 2.21　改修された事務所建物

　今回，津波被害を受けた大規模木造建築はそれほど多くは無いが，いずれも同様の被害状況であり，津波に対して木造建築が全く無力であったとは言えないと思われる．図 2.20，図 2.21 は石巻市雲雀野町の木造住宅メーカーの事務所建物である．津波により図 2.20 のように殆ど軸組だけになってしまったものの，現在では図 2.21 のとおり改修され，営業を再開している．

3. 東日本大震災における木材産業の被害[6]

　震災による木材産業の被害[8]については，地震の振動による工場の機械設備の損傷，原木や製品の荷崩れなどの被害も存在したものの，甚大な被害の多くは津波によるものであった．特に岩手，宮城，福島沿岸部には，数多くの木材産業工場が存在し，壊滅的な被害を受けた工場もみられた．

　岩手，宮城，福島ではそれぞれ20以上の製材工場が浸水し，甚大な被害を受けた．図3.1は，石巻市潮見町の製材工場の被害状況であるが，津波と共に流出した丸太や木材が被害を拡大したと考えられる．一方，この工場では建物を大断面集成材によるラーメン構造としていたため，壁の損傷は見られたものの軸組の損傷は一部を除いて軽微であった．このため，いち早く7月中旬には操業再開にこぎつけることが出来ている．

　また，岩手県宮古市，同大船渡市，宮城県石巻市に所在する日本合板工業組合連合会（以下「日合連」とする）の6つの組合企業では，全国の合板生産量の約3割を占めていた．このため，これらの

図3.1　製材工場の津波被害（石巻市）

図3.2　津波により被災した合板工場（石巻市）

表3.1　木材加工・流通施設の被害状況[8]　　出典：農林水産省林野関係被害（第84報）

	青森	岩手	宮城	福島	茨城	栃木	長野	高知	合計
箇所数	3	31	42	31	5	1	1	1	115
金額（百万円）	204	12,919	32,114	1,212	208	15	22	3	46,697

(万m³)

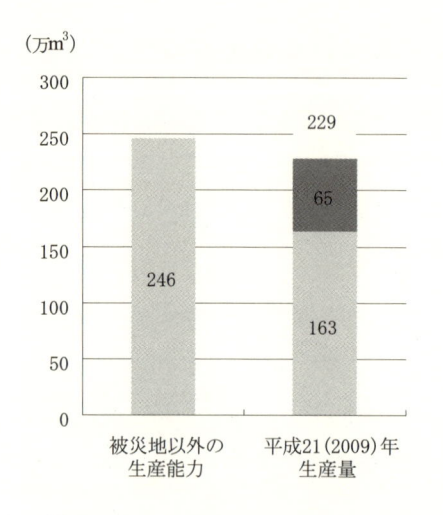

図3.3 普通合板の生産量と生産能力 [9]

被災地以外の生産能力：246
平成21(2009)年生産量：229（被災地以外 163、被災地（岩手県・宮城県）65）

工場が津波によって被災し，生産が停止したことにより，合板の供給に支障をきたした．これに加え，仮設住宅用の合板の緊急需要，流通業者やハウスメーカーなどによる当面の在庫の確保などにより，合板不足が社会問題化した．

しかし，これに関しては，平成23年3月22日に開催された「東北地方太平洋沖地震復旧復興に向けた合板需給情報交換会」において，国内の他工場の増産により仮設住宅などの緊急需要にも十分対応できる供給レベルであることが確認され（図3.3参照），3月28日には，林野庁長官から関係団体に対し，国産材（合板用材など）の安定供給の推進に係る要請が行われた．これにより，国内

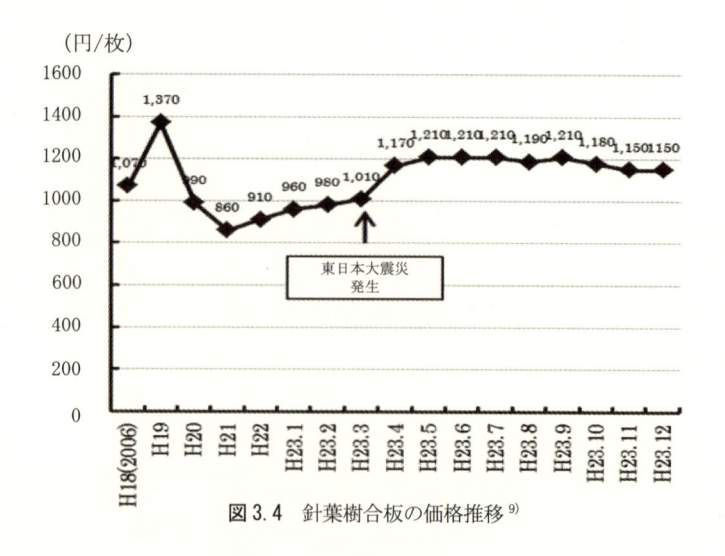

図3.4 針葉樹合板の価格推移 [9]

H18(2006): 1,070、H19: 1,370、H20: 990、H21: 860、H22: 910、H23.1: 960、H23.2: 980、H23.3: 1,010（東日本大震災発生）、H23.4: 1,170、H23.5: 1,210、H23.6: 1,210、H23.7: 1,210、H23.8: 1,190、H23.9: 1,210、H23.10: 1,180、H23.11: 1,150、H23.12: 1,150

合板メーカーにより6月にはほぼ前年並みの生産量を供給することができ，さらに輸入量の増大により供給不足はすぐに解消に至った．一方で，この際に JAS 規格外の合板や，さらには JAS 認定工場証明や JAS マークを偽装した製品が輸入されるなど，2次的な問題も生じた．また，震災以降，合板の価格は図 3.4 のように高値を推移している[9]．

その他，木質ボード工場においても震災による被害が報告されているが，それに加えて製材工場や合板工場の被災により，原料となるチップや端材などの供給が途絶えたことにより，操業の停止を余儀なくされた例も見られた．しかしながら震災後はボードの原料および燃料へのがれきの活用などにいち早く取組み，がれきの処理に大きな役割を担っている．

4. 震災後の復旧における取り組み

（1）木材産業の復旧とがれきの活用 [6]

先に述べたように，津波による木材産業の被害は甚大であったが，応急仮設住宅の建設や被災した住宅などの補修のためには，木材，木質資材の確保は急務であった．このため震災後間もない平成23年3月15日には，林野庁にて「『東北地方太平洋沖地震』災害復旧木材確保対策連絡会議」が開催され，被災状況の把握と災害復旧木材の安定供給および価格安定等について，林野庁および林業・木材関係団体において協議が行われた．その後，業界団体，自治体が協力して復旧に努めると共に，復旧・復興計画を策定し，国への要望を提出した．これを受け，林野庁も木材産業の復旧のために，約59億円の平成23年度第1次補正予算を充てるなどし，被災企業の復旧支援が図られた．これらにより，夏頃にはいち早く生産を再開する工場も出始め，秋口には本格稼動にこぎつけた工場もみられた．その一方で，事業再開の見通しがたたず，廃業に追い込まれた企業もかなり存在している．

震災においては，津波により流出した木造住宅や倒木などによるがれき木材が大量に発生した．震災から1年半が経過した現在もこれらの多くは処理ができていない状況であるが，がれき木材をボード原料や，熱源として有効活用する取り組みも行われている．

宮古市の宮古ボード工業株式会社では，岩手県，岩手大学の産官学による支援協力を得て，震災廃木材をチップ化しパーティクルボードとして再資源化した「復興ボード」を生産している．震災がれきを原料として利用するにあたっては，海水による塩分の付着が懸念されたが，放置されている間に受けた降雨により問題の無いレベルに洗い流され，特に洗浄などの工程は必要なかったそうである．そのため，がれきの中の比較的良質な柱や梁などの大きめの部材を選別する程度で，通常の解体材と同様に原料とすることができたとのことであった．これらの震災廃木材に間伐材チップなどを混合させて「復興ボード」として再資源化されている．「復興ボード」は，応急仮設住宅団地の集会所にも使用され，現在は復興住宅などにも使用されている．

　またセイホク株式会社では，津波で被災した海岸線の防潮林の松を合板として再資源化した「宮城復興合板」を生産している．こちらは宮城県グリーン製品として認定され，復興資材としての活用が推進されている．

（2） 応急仮設住宅における木材活用 [6,10]

　震災後の復旧における仮設住宅に関しては，災害救助法（昭和22年 法律第118号）第23条第一項に「収容施設（応急仮設住宅を含む）の供与」が規定されており，全都道府県が社団法人プレハブ建築協会（以下「プレ協」とする）と「災害時における応急仮設住宅の建設に関する協定」を締結し，災害発生時には速やかにプレハブの仮設住宅が供給されることになっていた．東日本大震災の復旧に

図4.1　復興ボードの製造工程　　図4.2　復興ボードを用いた集会所の建設

（図4.1，図4.2写真提供：岩手大学農学部　関野　登氏）

第 6 章 震災復興を担う木造建築における地域材の活用の意義と可能性 （ 109 ）

あたっては，最終的に 53,000 戸にものぼる応急仮設住宅が建設されたが，これは阪神淡路大震災の 48,300 戸を上回るものであり，かつ早急な建設が求められたため，プレ協による供給に加え，プレ協が加盟する住宅生産団体連合会内における住宅産業の各協会・メーカー各社が一部を建設することとなった．

（社）日本木造住宅産業協会では，加盟するグループ 8 社により，宮城県名取市をはじめ，南三陸町，気仙沼，岩手県宮古市，福島県会津美里町において，1,596 戸の木造軸組構法による仮設住宅を建設している．また，（社）日本ツーバイフォー建築協会においても，福島県相馬市をはじめ，宮城，岩手の 3 県において，約 1,500 戸のツーバイフォー工法の仮設住宅を建設した．

一方，プレ協の供給限度を超える分に関しては，各自治体が地元事業者に対して公募を行うこととなった．これは単に仮設住宅を早急に供給するという目的だけではなく，地域人材の雇用の創出，地域産木材の活用を通じた，地域経済の復興が考慮されたものと言える．

また岩手県の住田町では，県の公募に先行して，町単独で仮設住宅の建設が行われた．本来応急仮設住宅は被災市町村に対して都道府県が国費によって行うものであり，被災市町村以外が建設することは異例の事と言える．しかし，隣接する陸前高田市，大船渡市の被災状況，さらにはそれらの地域から同町への 600 名を超える避難者の状況に，町長が町単独での応急仮設住宅の建設を専決し，さらに町議会をはじめ町の方々がそれに協調して後押ししたことにより実現したということである．住田町は林業振興計画において「森林・林業日本一の町づくり」を掲げ，森林組合，プレカット事業協同組合，建設業協同組合，農協，住田町に

図 4.3　住田町に建設された応急仮設住宅　　図 4.4　住田町の FSC 森林認証材使用の家

よる第三セクターの「住田住宅産業株式会社」を設立し，地域林業の総合システム化を図っていた（図 4.4 参照）．さらに今回の震災以前に木造仮設キットの開発に取り組んでいたこともあり，震災後に率先した応急仮設住宅の建設が可能であった．これらの背景があったからこそ，町単独での応急仮設住宅建設に踏み切れたと言えるが，この地域木材と地域職人を活用した木造による仮設住宅の実現が，他の地域で進行していた様々な木造応急仮設住宅建設の取組みに拍車を掛けたと言える．また，国や県も地元の力に対する認識を新たにするきっかけになったと考えられる．

岩手県においては，平成 23 年 4 月 18 日に，応急仮設住宅の公募が公表され，改めて応募した住田住宅産業株式会社をはじめ 89 事業者から応募があり，最終的には木造を手掛ける 19 事業体により 2,270 戸の木造仮設住宅が建設された．

福島県でも同様に 4 月 11 日に公募が開始され，当初 12 の事業体により 3,496 戸の木造仮設住宅が建設されたが，原発における避難地域の変化や避難の長期化などから，さらに 2,000 戸を地元公募で追加発注され，合計約 5,500 戸の木造仮設住宅が建設された．これらには，図 4.5 のようなログハウス形式のものや，板倉構法によるものなど[11]，一般の住宅としても特殊な構法が用いられているが，解体後

図 4.5 ログハウスによる応急仮設住宅

図 4.6 同仮設住宅内部
（図 4.5，図 4.6 写真提供：
はりゅうウッドスタジオ　芳賀沼整 氏）

のリユース，リサイクルを考慮した仮設という点で注目されるものである．またこの際に，一般社団法人工務店サポートセンター，全国建設労働組合総連合が協力して，約600戸の建設を行ったが，大規模災害時の応急仮設住宅の供給体制を平時から準備をしておく必要性から，23年9月1日には，一般社団法人全国木造住宅建設事業協会を設立するに至っている．

これに対して宮城県においては，県自体の発注分は一括してプレ協に委託しているため，被災した市町村が個別に発注するという方式が取られた．この際，林業・製材加工・住宅建築に携わる県内関係者が協議会を立上げると共に県に提案書を応募し，施工可能として県が選定した77の業者に対し，被災した市町村が個別に発注するという方式が取られた．結果的には，山元町において125戸，南三陸町から15戸の木造応急仮設住宅および集会所の発注があったのみであった

図 4.7　南三陸町歌津地区おける応急仮設住宅

図 4.8　棟上げの施工状況　　　　図 4.9　室内の様子

(図 4.8，図 4.9 写真提供：宮城県森林組合連合会)

表 4.1 主な使用木材（データ提供：宮城県森林組合連合会）

部材	木材産地	樹種	寸法（mm）	戸当たり数量	戸当たり使用量(m^3)	解体後の再利用等
柱	登米市・南三陸町	スギ	3,000×105×105	30本	1.00	建築部材（移設）として活用
桁・登梁	同上	同上	3,640×105×150or180	34本	2.16	同上
外壁	同上	同上	1,820×500×27	84枚	2.07	同上
土台	同上	同上	105×105or150×4,000	36本	1.89	同上
合板	同上	同上	1,820×910×12or24	80枚	2.38	同上

が，特に南三陸町における建設については，被災した地域の事業者・職人達が参加した事業体により行われた点で，大変意義深いものと思われた．

南三陸町歌津地区おける応急仮設住宅（図 4.7〜4.9）については，宮城県森林組合連合会・株式会社山大による共同事業体により受注され，①造成工事は地元土木業者，②木材の供給を地元製材工場等，③プレカット加工を（株）山大，（株）仙台木材市場，④建築を南三陸町と登米市の大工職人，⑤建築施工管理を県森連・登米町森林組合が担うという基本体制で工事が進められた．このメンバーには津波により多大な被害を受けた（株）山大をはじめ，震災により直接の被害を受けた地元業者，職人が多く参加しており，また使用された主要な木材（表 4.1 参照）は全て南三陸町産のスギ材を使用するといった，まさに地元の人材，資材を活用した復旧・復興への取組みと言えた．仮設住宅から現場に通う職人に直接話を伺うこともできたが，厳しい状況ながらも，やはり自らの手で新しい暮らしを切り開いていくことに，復興の兆しを感じているようであった．

5. 震災復興の状況と地域材利用の可能性

震災から 1 年半が経過したものの，被災地の復興は遅々として進んでいない．これは，津波被災地域において，高台移転問題などから新たなグランドデザインがなかなか定まらなかったことにもよるが，それらの方針が決まった現在でも，新たな街づくり，住宅建設の動きは必ずしも加速していない．これに関して仙台を拠点とするハウスメーカーの方などに話を伺ったが，やはり新たな街のイメージが見えない中で居住地を決めることに慎重になっている様子である．

そのような中ではあるが，災害復興公営住宅の設計・建設が進みつつあり，早い地区では平成25年4月から入居を計画している．これらについては，応急仮設住宅同様，自治体による公募などが実施され，地元の建設事業体による木造住宅の建設も多数計画されている．南三陸町においても，応急仮設住宅の施工実績により，南三陸町木造災害公営住宅建設推進協議会に対して発注がなされている．

また，災害公営住宅の整備にあたっては，宮城県のように地域振興・地域産業への配慮を整備指針に掲げているところもあり，地域産材，地域工務店の活用が期待される．公的事業においては，地域の復興を目指し，地域資源の利用，地域雇用の増大を進める意義は高く，地域が一体となってそれを推進することができる．しかし，今後の復興における民間発注の住宅において，それらがどれだけ考慮されるかは，厳しい見方をせざるを得ない．震災により自宅を失った方々の多くは，少ない資金で住宅の建設を進めようとしている方々であると考えられる．そのような方にとっては，まずローコストの住宅が求められて当然と思う．最近では，"復興支援住宅"と銘打ち，ローコスト仕様の住宅を商品に用意する大手住宅メーカーもみられている．これらのメーカーにおいても，地域材，地域職人の活用があり得ないわけでは無いが，そのためには，ローコストを前提とした生産システムへの対応が地域材にも求められることになる．

表5.1　宮城県災害公営住宅整備指針における地域特性配慮した取組み[12]

災害公営住宅等の整備方針	具体的な取組手法
1 少子高齢化に対応した住まいづくり	子育て支援施設や高齢者生活支援施設等の整備，緊急通報装置等の設置，将来の状況変化への対応等
2 まちづくり計画との連動	防災的な機能の導入，津波避難ビルへの指定，歩いて暮らせるまちづくり等
3 地域コミュニティの維持を図るための取組み	コレクティブハウジングの導入，地域コミュニティへの配慮，住民主体によるコミュニティの形成等
4 住民の意向や再建に向けた取り組みへの配慮	多用な世帯への対応，地域特性への配慮，穂がし日本大震災特別家賃低減事業の導入等
5 地域振興・地域産業に配慮した整備	地域産材，地域工務店の課長による地域産業の振興，将来の状況変化への対応，入居者やNPOへの譲渡等
6 地域特性・地域環境に配慮した整備	地域環境への配慮，地域特性への配慮，住民主体によるコミュニティの形成等
7 基本性能の確保と環境負荷の低減	自然エネルギーの利用による環境負荷の低減等
8 先導的モデルの取組み	太陽光発電の導入，防災的な機能の導入，地域でエネルギーを最適利用するための仕組み（CEMS）の導入

図 5.1 宮城県災害公営住宅整備指針における地域産業の振興 [12]

　一方，住田町のように林業から住宅施工に至る一貫した生産システムを持つ地域やグループでは，仮設住宅で実践したように地域材，地元業者の活用を図りつつローコストを実現している．そもそも地元の材の活用は流通の無駄が省けるメリットがある．そのメリットを活かすためには，原木供給，製材，加工，施工の一連を地域内で連携して行う必要がある．このような意図から地域連携型の生産グループが各地で育ちつつあったが，平成20年度からスタートした長期優良住宅先導事業やその後の地域型住宅ブランド化事業などがこれを推進し，このような生産グループが東北地域にも多数存在している．実際，そのようなグループのいくつかが，応急仮設住宅や災害復興公営住宅の建設の公募で採択され，実績を上げている．

　これらの動きを後押しするために，岩手，宮城，福島の3県では，地域型復興住宅推進協議会を立ち上げ，住宅金融支援機構東北支店と連携し，地域にふさわしい住まいの考え方，モデルプランをまとめると共に，これらの住宅を取得する際の概算工事費や災害復興住宅融資を利用する場合の返済金額シミュレーションを示した小冊子の発行，ホームページの立ち上げを行い，情報提供・発信をしている．さらに，各県の推進協議会では，地域住宅生産者グループの紹介，住宅展示・説明会，住宅相談などを実施している．地域の生産者グループにおいても，独自のモデル住宅を提案し，見学会や説明会を実施するなど，積極的な取り組みを行っているグループも見られる．今後の復興におけるその可能性を大いに期待するところである．

　地域の森林資源は，従来生産財として地域の林業，林産業，建設・住宅産業を形成してきた．しかし高度経済成長以降，安価な輸入木材により国産材の需要が

第 6 章　震災復興を担う木造建築における地域材の活用の意義と可能性　　(115)

復興後の可能性

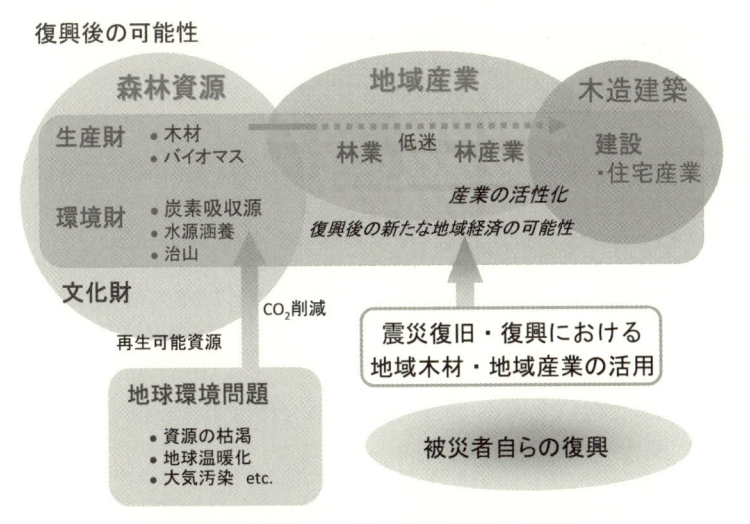

図 5.2　森林資源と地域産業の復興後の可能性

減ると共に生産財としての価値が下がり，地域産業は低迷している．近年，森林資源は環境財，さらには文化財として新たに注目されつつあるが，それを担う林業が低迷した状態で，適切な森林の育成・管理がなされず，その役割を十分果たせない状態でいる．今回の震災復旧・復興における地域木材，地域産業の活用は，この低迷した状況を打破し，地域経済を活性化する契機になり得ると期待される．そしてそれは，地域の復興，被災者自らの復興につながっていくと考えられる．この可能性を現実のものとし，被災地の一日も早い復興を願う次第である．

参考文献

1) 日本建築学会　2011．2011 年東北地方太平洋沖地震災害調査速報，日本建築学会
2) 板垣直行　2011．木造建築物の被害状況（特集 東日本大震災における建築物の被害報告（Part 1) 東北），建築技術，No.740, 152-155.
3) 槌本敬大　2011．2011 年東北地方太平洋沖地震による木造建築物の被害の特徴，木材工業，66（11），476-481.
4) 青木謙治　2012．地震動による木造建築物の被害とその要因，第 206 回生存圏シンポジウム，4-13.
5) 国土交通省国土技術政策総合研究所・独立行政法人建築研究所 2012．平成 23 年（2011年）東北地方太平洋沖地震被害調査報告，国総研資料 674 号，5.4-1 − 5.4-30.

6) 古村孝志　2011．2011 年 3 月 東北地方太平洋沖地震，地震・火山情報，東京大学地震研究所広報アウトリーチ室，
http://outreach.eri.u-tokyo.ac.jp/eqvolc/201103_tohoku/#velresp
7) 細貝一則他　2011．東日本大震災の教訓，木材工業, 66（11），504-552.
8) 林野庁　2012．林野関係被害(第 84 報)，農林水産省，
http://www.maff.go.jp/j/kanbo/joho/saigai/rinya_110401_htmi1.html
9) 林野庁　2012．復旧・復興に向けた森林・林業・木材産業の取組，平成 23 年度森林・林業白書，林野庁，
http://www.rinya.maff.go.jp/j/kikaku/hakusyo/23hakusyo_h/all/a09.html
10) 国土交通省住宅局住宅生産課木造住宅振興室　2012．東日本大震災における地域工務店等による木造応急仮設住宅，"木の家づくり"から林業再生を考える委員会第 9 回委員会参考資料，
http://www.mlit.go.jp/jutakukentiku/house/jutakukentiku_house_fr4_000026.html
11) はりゅうウッドスタジオ他　2011．木造仮設住宅群：3.11 からはじまったある建築の記録，ポット出版.
12) 宮城県土木部復興住宅整備室　2012．宮城県災害公営住宅整備指針＜ガイドライン＞，
http://www.pref.miyagi.jp/fukujuu/

第7章 地域コミュニティの現状と再建をめぐる課題～2012年9月現在の状況～

広田純一
岩手大学農学部

1. はじめに

　東日本大震災の被災地における自治会や町内会などの地域コミュニティ（住民自治組織）は，会員である住民が仮設住宅や賃貸住宅等（見なし仮設）への分散居住を余儀なくされ，また住民の地域外への転出も進んで，全般的に活動が大幅に縮小している．それに加えて地域の復興の将来像を話し合い，地域コミュニティの結束を高められる機会であったはずの復興計画や復興事業計画の策定も，行政側の人材・時間・ノウハウの不足や，策定体制の不備もあって，必ずしも順調に進んできたわけではない．その一方で，こうした困難な状況にあっても，従来のコミュニティ活動を再開したり，独自に復興推進組織を立ち上げて復興協議に望んだ地域もあった．
　本報告では，震災被災地におけるこうした地域コミュニティの現状を紹介すると共に，その再建をめぐる課題を整理する．
　なお，本稿は震災から1年6カ月が経った2012年9月時点の状況を基にしている．

2. 被災地の現状

（1）概況
　被災地は復興初期段階にある．津波浸水地域での瓦礫の撤去は完了し，現地は

写真1 岩手県大槌町の市街地（2012年9月15日）

写真2 岩手県陸前高田市中心部（2012年8月2日）

更地に近い状態にある（写真1，2，3）．まだ一部の建物が取り壊されずに残っている風景の中に，仮設の商店や作業場・加工場等が立ち始め，多少の賑わいも生まれている（写真4）．ただし，地震による地盤沈下の激しい地域では，未だに冠水状態にあるところも残されている（写真5，6）．

　国の三次補正予算の成立（2011年11月）後，高台移転を含む住宅再建に関わる復興交付金事業の計画策定が精力的に行われ，事業の着工に至る地区も出始めている．ただし，概して住民への情報提供や計画策定への参加は必ずしも十分とは言えず，行政への不平・不満，諦めも聞かれる．

第 7 章　地域コミュニティの現状と再建をめぐる課題　　（ 119 ）

写真 3　宮城県南三陸町の市街地（2012 年 8 月 14 日）

写真 4　岩手県山田町の中心部（2012 年 7 月 27 日）

　地域産業（農林漁業および商工観光業）は目に見えて復興しつつあるものの，地域および事業者ごとの差が開いており，全体としては依然として予断を許さない．

写真5　宮城県石巻市長面地区の集落（2012年8月14日）

写真6　宮城県石巻市河北町長面地区の水田（2012年8月14日）

（2）主要な公共インフラの本格復旧・復興状況

　表1は，2012年9月14日に復興庁が公表した「復興の現状と取組」に示された公共インフラ等の本格復旧・復興状況である．

　これを見ると，河川対策（99%）や下水道（84%），および国道（97%）や鉄道（89%）など，緊急に復旧が必要なインフラは着実に復旧・復興が進捗してい

表1 公共インフラおよび農業・漁業の本格復興状況

種目	項目	進捗率	着工／完了
インフラ	海岸対策（全体）	20%	着工
	海岸対策（国）	89%	着工
	海岸対策（その他）	17%	着工
	河川対策	99%	完了
	下水道	84%	完了
	水道施設	46%	完了
	国道	97%	完了
	鉄道	89%	完了
	港湾	78%	着工
災害廃棄物	災害廃棄物	24%	完了
住宅再建	復興公営住宅	15%	着工
	防災集団移転	47%	着工
	区画整理	28%	着工
	漁業集落	26%	着工
施設	医療施設	90%	完了
	学校施設	77%	完了
農業	農地	38%	完了
	農業経営体	40%	再開
漁業	漁港	34%	完了
	養殖漁場	75%	完了
	定置漁場	95%	完了
	養殖施設	65%	完了
	定置網	68%	完了
	水揚げ	58%	被災前同期比
	水産加工施設	61%	再開

出所：復興庁「復興の現状と取組」（平成24年9月14日）

るのに対し，防潮堤などの海岸対策（全体）では，まだ着工が20％と非常に遅れていることがわかる．また，水道施設も完了は46％にすぎず，港湾も着工段階で78％に留まっている．災害廃棄物も処理まで終わっているのはわずか24％にすぎない．

　住宅再建に関しては，いずれも着工ベースで，災害復興公営住宅が15％，防災集団移転促進事業が47％，土地区画整理事業が28％，漁業集落防災機能強化事業が26％となっている．集団移転や区画整理，漁業集落では，着工したと言っても，測量・設計や用地取得が始まったところであり，土地の造成工事はま

だ始まってはいない．

　これに対して，医療施設と学校施設は完了がそれぞれ 90 % と 77 % と比較的進んでいるように見えるが，津波で全壊した施設は未だに再建されておらず，学校は仮設校舎や他校での授業が続いている．

（3）農業と漁業の復興状況

　同じく表1に農業と漁業の復旧・復興状況を示す．

　農業に関しては農地の復旧（作付け再開）が 38 % 完了，経営を再開した農業経営体も 40 % に上っている．ただし，経営が再開したと言っても，全部が全面的な経営再開というわけではなく，一部作付けを再開したような経営体も含まれている．農地以外に，農業機械や農業用施設等の生産手段を失ったままの農家も多数あり，経営再開にはまだまだ時間がかかりそうである．

　一方，漁業については，漁港の復旧が 34 % と大きく遅れているのが目立つ．これに対して養殖漁場と定置漁場の瓦礫撤去はそれぞれ 75 %，95 % とかなり進んでいる．養殖施設（65 %）と定置網（68 %）は震災前の三分の二にまで戻ってきた．水揚げも被災前同期に比べて 58 % となり，水産加工施設も 61% が再開している．決して早いとは言えないが，復興が進んできていることは確かである．

3. 被災コミュニティの現状－釜石市を例に－

（1）概況

　冒頭に述べたように，被災住民の多くは元の地域コミュニティを離れて分散居住を強いられているのが実態である．元のコミュニティごとに仮設住宅への集団入居ができたのは一部の地区に留まっており，複数の仮設住宅や賃貸住宅（みなし仮設住宅）にバラバラに入居し，さらには内陸部の市町村に転出した世帯も少なくない．このため日常生活で住民同士が顔を合わせる機会は激減し，近所づきあいや交流も減少してしまっている．また，従来のコミュニティ行事の多くが休止・縮小を余儀なくされてもいる．

　他方，震災後半年が経つ頃から，日常的なゴミ出しや回覧板の配布の必要から，仮設住宅団地ごとに自治会を結成する動きが活発化し，現在では，規模の小さな団地以外，ほとんどの仮設住宅団地で自治会が結成されている．

（2）町内会調査の概要

岩手大学の三陸復興推進機構生活再建支援部門地域コミュニティ再建支援班では，被災コミュニティの現状を把握し，復興支援のニーズを探るために，手始めに釜石市を対象に悉皆的に町内会長への聞き取り調査を行っている．

釜石市には，図1に示すとおり，昭和の大合併以前の旧町村を単位とした広域コミュニティが8つあり，そのうち沿岸部に位置する鵜住居，釜石，平田，唐丹の4つが今回の大津波で大きな被害を受けている（表2）．聞き取り調査の対象は，これら4つの地区に属する町内会である．ここでは現在までに調査を終えた18の町内会の実態を紹介する．

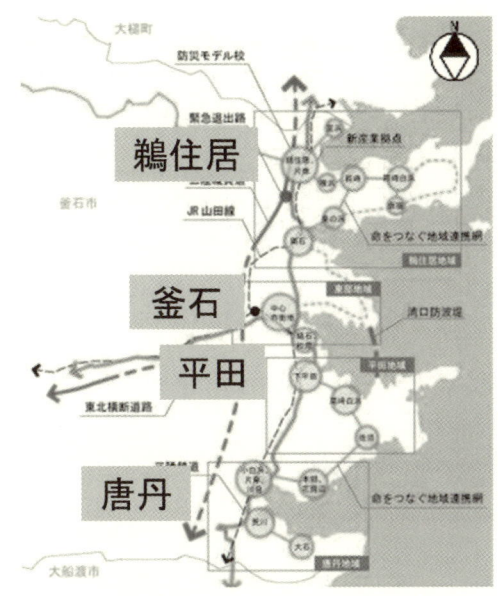

図1 調査対象とした広域コミュニティの位置
（出所：スクラムかまいしプラン）

表2 釜石市の広域コミュニティごとの被災住家率

地区名	住家数（戸）	被災住家数（戸）	被災住家率（%）
釜石地区	3,270	1,366	42%
平田地区	1,251	284	23%
中妻地区	1,909	12	1%
甲子地区	2,255	20	1%
小佐野地区	3,386	9	0%
鵜住居地区	2,517	1,670	66%
栗橋地区	638	0	0%
唐丹地区	956	343	36%
合計	16,182	3,704	23%

出所：釜石市資料

（3）町内会ごとの住家残存率と分散居住の状況

表3に町内会ごとの住家残存率と分散居住の状況を示す．住家残存率は0％(全

表3 町内会ごとの住家残存率と分散居住の状況

地区	従前世帯数	残存世帯数	住家残存率	住家被災者の現住所	住民の分散
1	40	0	0%	市内各地の仮設・賃貸	大
2	90	0	0%	市内各地に分散	大
3	62	0	0%	市内11カ所の仮設	大
4	140	5	4%	市内各地の仮設・賃貸	大
5	220	40	18%	市内20カ所以上の仮設(111戸), 市内賃貸36戸, 市外16戸	大
6	360	120	33%	市内28カ所の仮設, 市内各地の賃貸	大
7	66	23	35%	市内各地の仮設・賃貸	大
8	230	80	35%	市内各地の仮設110戸, 市外40戸	大
9	190	約80	約40%	市内各地の仮設・賃貸	大
10	121	60	50%	地区内仮設(集団入居), 市内各地の賃貸	小
11	156	約80	約50%	市内各地に分散	大
12	27	14	52%	地区内仮設12戸, 地区外1世帯(戻らず)	小
13	162	71	61%	地区内外仮設5カ所以上, 市内各地の賃貸	大
14	50	30	61%	地区内仮設1カ所, 市内1戸, 市外2戸	小
15	169	約120	70%	地区内仮設1カ所, 市内1戸, 市外2戸, 市内各地の賃貸	小
16	215	約150	約70%	地区内仮設38戸, 地区外仮設, 市内各地の賃貸	小
17	68	52	76%	地区外仮設3カ所, 市内各地の賃貸	小
18	103	91	88%	地区内仮設8世帯, 地区外仮設1世帯, 市内賃貸3世帯	小

世帯流出)から88％まで大きな開きがある．住民の分散状況については，地区内に仮設住宅団地が確保されており，住民が概ねそこに入居できている場合は，分散が「小」，地区内外の複数の仮設住宅団地および賃貸アパート等に分散している場合は，分散が「大」とすると，当然のことながら住家残存率が低い（つまり被災が大きい）町内会ほど，住民の分散居住が多くなっている（図2）．

また，分散の程度も住家残存率が低い町内会ほど大きい傾向があり，例えば，No.3 町内会（残存率0％）は，市内11カ所の仮設住宅団地に分散居住，No.5 町内会（18％）は，市内20カ所以上の仮設住宅団地に加えて，36戸が賃貸住宅にバラバラに入居している．No.6 町内会（33％）に至っては，仮設住宅団地だけで28カ所である．またNo.8町内会（35％）では市外に転出した世帯が40戸あるという．

これに対して住家残存率が50％を越えると，地区内に仮設住宅団地が確保されている地区が多くなっている．ただし，地形等の関係で地区内に仮設住宅団地の土地を確保できなかった地区では，地区外に設置されているケースもある

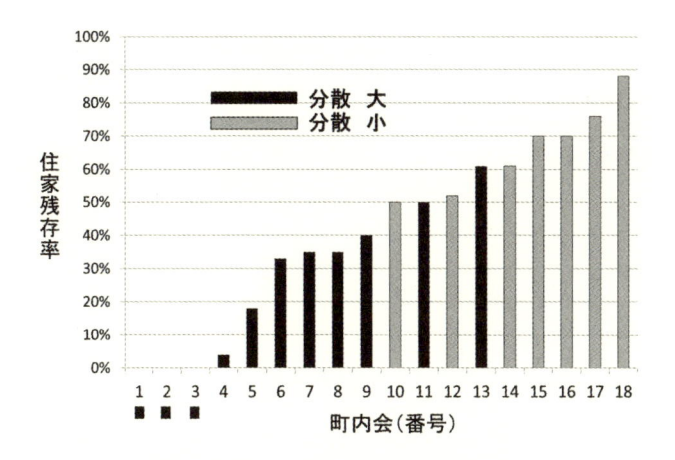

図2 町内会ごとの住家残存率と分散居住

（No.13，No.16，No.17）．また，住家残存率が高い地区でも，賃貸住宅については，ほとんどが地区外（釜石市街地）となっている．

また，分散居住している住民に対して町内会として連絡を取っているかについては，これも住家残存率が低い町内会ほど連絡が取れていないケースが多い．もっとも例外はあり，例えばNo.3町内会では，11ヵ所の仮設住宅団地ごとに班長を置いて回覧板を回し，連絡をとれる体制を作っている．No.13町内会やNo.17町内会も同様である．また，No.9町内会では，会長自らが分散居住する住民を巡回して連絡を取るようにしている．さらにNo.14町内会では独自に復興新聞を発行して，住民に配布している．ただしその一方で，地区外の賃貸住宅に居住する住民については，どの町内会でも十分に連絡が取れていないのが実状のようである．

（4）町内会活動と復興協議の状況

表4に町内会活動と復興協議の状況を示す．

町内会活動もまた住家残存率が高いほど再開が多い傾向にある．実際，住家残存率が50％を越える町内会は全て活動を再開しているのに対して，50％未満の町内会では，活動を再開できているのは11地区中1地区のみ，一部再開も5地区に留まり，その一方で未だ休止中というところが5地区もある．

表4　町内会活動と復興協議の状況

	残存率	住家被災者への連絡	自治会活動の現況	集会所の有無	復興協議のタイプ
1	0%	無し	休止	無	行政任せ
2	0%	無し	休止	無	行政任せ
3	0%	有り(仮設ごとに班長)	一部再開	仮集会所	住民主導
4	4%	不明	休止？	無	行政主導
5	18%	無し	一部再開	無	住民主導
6	33%	不明	一部再開	残存	行政主導
7	35%	無し	休止	無	行政任せ
8	35%	有り(広報配布)	一部再開	残存	行政主導
9	約40%	有り(会長が巡回)	再開	仮集会所	住民主導
10	50%	有り(仮設に回覧板)	一部再開	残存	行政主導
11	約50%	無し	休止	無	行政任せ
12	52%	有り	再開	不明	行政主導
13	61%	有り(仮設ごとに班長)	再開	残存	行政主導
14	61%	有り(復興新聞配布)	一部再開	残存	行政主導
15	70%	有り(地区内は広報配布，地区外は不定期)	再開	残存	住民主導
16	約70%	有り(地区内回覧板)　無し(地区外)	一部再開	残存	住民主導
17	76%	有り(仮設ごとに班長)	再開	残存	行政主導
18	88%	有り(地区外は不明)	再開	仮集会所	行政任せ

注1)　2012年8〜11月調査
注2)　行政任せ＝町内会での話し合いほとんどなし
　　　行政主導＝町内会での話し合いあり
　　　住民主導＝住民側で復興計画を作成

　また町内会の集会所の有無を見ると，活動休止の5地区はいずれも無となっている．集会所が無いから集まれないのか，集まれないから集会所を必要としていないのか，いずれも解釈も成り立ちうるが，No.3やNo.9のように残存率が低い地区でも，仮集会所まで作って集まりを持っていることを考えると，集会所が無いから集まれないというのは当たらないようである．

　復興協議とは当該地区の住宅再建に関わる行政との協議のことを指す．震災後の初年度は市町村の復興計画，その後は集団移転や区画整理などの復興事業計画についての協議が主である．「住民主導」というのは，地区住民が自主的に復興のための住民組織を立ち上げて，地区の住宅再建等の話し合いを始めた地区，「行政主導」とは，行政が復興計画もしくは復興事業計画案を作成するのは行政だが，町内会が自分たちだけで集まって，計画案に対する住民側の意見や要望をまとめながら，行政と協議してきた地区，そして「行政任せ」とは，行政の作成した計

画案について，地区住民だけで話し合う機会を持てずに，説明会の際に個別に意見を出すに留まっている地区を指す．表4を見ると，住家残存率がゼロであるNo.1とNo.2はさすがに「行政任せ」となっているが，それ以外は，住家被災率の多少に関わらず「行政主導」が多い．また，住家残存率が低くても住民主導のところもある．詳しい調査は今後となるが，一つの要因として役員のリーダーシップや，地区としての元々のまとまりを挙げることはできそうである．

（5） 小 括

被災の程度は町内会によって大きなばらつきがあり，それがその後の町内会活動に影響を及ぼしている．概して被災の程度の大きい（住家残存率が低い）町内会ほど，住家被災者の分散居住が著しく，お互いに連絡は取り合えておらず，町内会活動も休止したままであり，復興協議は行政任せもしくは行政主導という傾向にある．ただし，住家被災率が低い町内会でも，仮設の集会所を確保しながら，町内会活動を再開し，行政との復興協議をスムーズに進めている地区があり，被災の程度だけが復興状況を規定する要因ではないことがうかがわれる．町内会役員のリーダーシップや各地区の元々のまとまりの良さが影響していると考えられる（今後の実証が必要である）．

4. 地域コミュニティの再建をめぐる課題

以上述べてきたような状況にある地域コミュニティをいかに再建するか，そのための課題を整理しておく．

（1） 被災者の所在確認と連絡体制の確立

被災の程度が大きく，未だに地区として十分に集まりが持てていない地区では，とりあえず被災者の居所を確認し，連絡網を構築することが必要である．特に賃貸住宅（賃貸アパートや貸屋，いわゆる見なし仮設）に入居している世帯には必要な情報が届いておらず，早急にこの点を改善する必要がある．

しかし，これを地区の自助努力だけに求めるのは無理がある．それができるぐらいであれば，これまでにも対応できているはずだからである（実際，対応してきた地区もある）．じつは，地区ごとの被災者の消息をつかむのに一番制約になったのが，市町村による個人情報保護である．市町村は被災者の現住所や連絡先

の情報を持っているにもかかわらず，町内会などの自治組織にそれを開示していない．地区側はやむを得ず，自分たちで人づてに避難者の情報を集めて連絡を取り合ってきたのである．今回のような非常事態には全くふさわしくない措置であり，今後の制度の見直し，または運用の改善が求められるところである．

（2）被災者への情報提供

住民の所在確認ができたとしても，分散居住する住民に定期的に情報を提供するのは簡単なことではない．とりわけ元の地区を離れている賃貸住宅（見なし仮設）居住者への連絡は，比較的コミュニティの運営がうまくいっている地区でさえ難しい．現在被災地には，集落支援員のような制度が導入されているが，こうした人材による支援活動の一つに加えるというのも一つのやり方であろう．ただ，地区数に比べると現在の支援員の人数ではとても足りないので，例えば，地区住民の中から連絡員を任命して謝金を支払うという方法もありうるだろう（財源としては市町村の復興交付金が考えられる）．

（3）住民同士が顔を合わせる場づくり

分散居住する住民への連絡体制を整えた上で，次に必要なのは，住民同士が顔を合わせられる機会をできるだけ多く設けることである．具体的には，従来の地区行事の再開，新たなイベントの実施，復興協議の充実の3つが考えられる．

第一に，従来の地区行事の再開の障害になっているのは，主に①集会所や活動場所の流失，②祭りや行事の道具・設備の流失，③活動費の不足（町内会費の徴収困難や見舞金の支払いによる），④分散居住による移動の困難である．このうち①と②については，地区によってはNPOなどの寄付によって賄えているケースもあるが，前章の釜石町内会調査の結果から推察する限り，全体から見ればごく一部と見られる．したがって，①〜④については，各地区の実態に合わせた支援が求められる．まずは実態把握から始める必要があるだろう．

第二に，新たなイベントとしては，スポーツや芸能など，住民同士が楽しめるものが望ましい．これも地区によってはNPO等の支援を受けて取り組んでいるケースも見られるが，一部に留まっているようである．被災町内会全体を対象とした活動として注目されるのが，釜石市社協が主催する「地域語りの日」である．これは，月に2回，市内の集会施設で，被災した旧町内会ごとに元住民が集まれ

る会を社協が開催しているもので，毎回様々な余興を準備して，参加者から好評を博している．また，この会で震災後初めて顔を合わせた人たちもいる．地区自らがこのような機会を設けられるのが一番であるが，行政やNPO等が主催するのでも，もちろんかまわない．ただしその場合は，事前に町内会と十分な打合せをしておくことが必要である．外部団体の満足や実績作りのために，地元が動員されるのであれば本末転倒である．

第三に，復興協議については，本来であれば被災住民にとって最も関心の高いテーマとなるはずだが，実際には必ずしもそうはなっていない．個々の被災者は自分の住宅再建には関心があっても，復興まちづくりといった（自分にとって）大きなテーマにはそれほど関心がないという事情もあるが，より直接的には，住民と行政の復興協議の体制とその運用が不十分であることが大きい．これについては，項を改めて詳述する．

（4）復興協議のあり方

①住民側の課題

まず住民側の課題としては，住民同士で復興を協議する場がうまく作れていないことが挙げられる．すなわち，住民同士で復興を協議するための組織がなかったり，あったとしても形骸化してしまっていることである．組織がありながら形骸化してしまう理由は，地区住民だけでは復興に必要な情報を十分に集められず議論が先に進まないことや，そもそも何をどのように協議していけばよいかわからないこと，あるいは，一部の住民の主導になってしまい他の住民が離れてしまうケースなどもある．ちなみに，改めて協議組織を作らなくても，既存の町内会で協議の場を作れるならばそれでもかまわないわけで，実際そういう地区はある．ただし，概して組織がない地区は協議も進んでいないように思われる．

なお，復興のための協議組織としては，震災1年目に多くの市町村で復興計画を策定するために地区ごとに協議会組織を設置しており，現在もそれが続いている市町村もある．ただし，組織の範囲が複数の町内会・自治会を包含する広域であることに加えて，復興計画の策定で一応の任務が終わったこともあって，その後は実質的な復興協議の場とはなっていない．

また，集団移転や区画整理などの復興事業を推進するために，やはり市町村が

主導で協議組織を設けている市町村もあるが，こちらも住民同士の協議の場というより，地域と行政の協議の場としての役割が強く，地域コミュニティの活性化につながるような協議の場となるかどうかはまだ見えにくい．

② 行政側の課題

次に行政側の課題として，住民側との協議体制の不備と協議方法の不十分さを挙げることができる．協議体制については，行政主導で計画的に地区ごとの復興協議組織を設けていった市町村がある一方で，行政側からは特にそうした動きがなかった市町村もある．また，地区ごとの復興協議組織を設置した場合も，その運営や会議の進行などは地区に丸投げの場合が多く，ワークショップを導入して協議方法の工夫を図った市町村は一部に限られる．さらに，組織の有無にかかわらず，行政が実施する説明会や懇談会は，たいていは行政側が作成した資料の説明が主で，活発な質疑を引き出すような工夫が乏しい．そのため，たいていは一方的な説明に終始し，住民側は意見があっても言わなかったり，言えなかったりして，十分な意見交換ができているとは言い難い．むろん住民側の姿勢に問題がある場合もあるが，それ以上に，行政側の説明の仕方や議論の引き出し方のまずさに起因する部分が大きいように思われる．ともあれ，説明会で異論がないことをもって，合意が得られたと判断し，次の段階に進むといったことも普通に行われているのである．

もっとも，そうなってしまうのは，行政側に人手や時間や経験やノウハウ，あるいは権限が不足しているのが基本的な原因で，行政を一方的に責めるのは当たらない．こうした復興協議におけるコーディネーターの必要性や重要性については，復興構想会議の提言をはじめ，様々な提言の中で触れられてきたが，現実は必ずしもそうなっていないのである．

③ 今後の復興協議のあり方

では，集団移転や区画整理等の復興事業の事業計画が固まりつつある現在，住民と行政の復興協議はどうあるべきだろうか．そもそも今の段階でも復興協議の場づくりは必要であろうか．答えはもちろん，必要であるということである．

現在は，ようやく集団移転地や土地区画整理の事業対象地の範囲や規模が確定した段階であり，これから集団移転地のレイアウトや宅地区画の配分方法，津波

流出跡地の土地利用計画など，住民と共に詰めるべき課題が残っている．つまり，復興協議のテーマはまだまだある．

　そして今後の復興協議の充実・活性化に向けては，次のような対応が必要となってくるだろう．第一は，復興協議の体制や運営方法などについて，合意形成の専門家や参加のデザインの技術をもった専門家を交えて，まずは行政側でしっかりした戦略を練ることである．第二に，今後の復興協議の進め方について，住民（地区）側と十分に協議することである．前章で述べたように，現段階でも地区の間で大きな差がついてしまっている．各地区の実態に合わせた進め方があるはずであり，専門家のアドバイスを受けながら，これを詰めていかなければならない．第三に，住民側に立って情報提供やアドバイスができる相談員を各地区ごとに配置することである．相談員の役割は，地域の復興に必要な様々な情報をわかりやすく住民側に伝えたり，住民側の要望や質問を文章にまとめたり，あるいは住民だけで行う協議の議事録を作成することである．住民と行政の間に立って調整を行うというより，復興協議に関わる住民側の相談役もしくは事務局担当といった役回りである．

5. おわりに

　地域コミュニティの再建については課題山積という感が強いが，かといってとりつく島もないといった状況でもないように思う．課題はある程度は共有されつつあり，その解決に向けた行動を具体的にどう進めるかということが重要であろう．被災地にある大学の教員として，引き続き支援を続けていく所存である．

　最後に，釜石市の町内会調査に当たっては，各町内会の会長をはじめ，役員の方々には大変お世話になった．また，釜石市の社会福祉協議会には，町内会の紹介や各種の情報提供をいただいた．そして調査を主に担ってくれたのは，岩手大学三陸復興機構生活支援部門地域コミュニティ再建支援班の技術補佐員の和田風人 氏と研究員の金美沙子 氏，そして岩手大学大学院農学研究科修士課程の佐々木優希 氏である．これらの方々に付記して謝意を表する次第である．

【本稿で取り上げた釜石市の町内会調査は，文部科学省補助金「三陸沿岸地域の「なりわい」の再生・復興の推進事業」の一環として実施したものである．】

あとがき

磯貝　彰
日本農学会副会長

　今回のシンポジウムは昨年3月11日に発生した東日本大震災からの農林水産業と地域社会の復興を正面から取り上げたものである．昨年のシンポジウムでも，一部大震災の被害状況などについて取り上げたが，本年は，その後の復興の状況や問題点について，それぞれの分野からの報告をしていただいた．このシンポジウムを聞きに来てくださった方々は例年に比べ大変多く，研究者や学生ばかりではなく，町の人達の参加も多く見られた．この問題についての関心の深さを示すものであった．

　講演の内容の紹介は，それぞれの講演者の報告にゆずることとして，全体としてみて，農林水産業の被害と復興の現状，将来への見通しや問題点を中心にした話題，また，農林水産省としての復興への取り組みやその研究開発の話題，さらには，被災地のコミュニティーがいまどうなっているか，またその復興計画について，と，多岐にわたっている．特に，震災の被害としては，津波による農地の塩害と漁港などの壊滅的破損による水産業の被害と，福島原発による放射能汚染による水産業と畜産業では，当然のことながら，問題のあり方は異なっている．今回の演者の方々の講演によって，大震災の被害が被災地毎に一様ではなく，極めて各論的な問題があることが明らかとなった．また，産業としての水産業や畜産業の生産という問題だけではなく，特に水産業のようなものは，生産物の流通システムが工夫されないと，産業の復興にはつながらないという話は印象的であった．また，こうした被害の状況と復旧の現状は，避難地に移動した人と，残っ

ている人との間のコミュニティーとしての一体性の問題も，浮き彫りにした．さらに，農学会として，復興の問題に積極的に取り組むための組織作りが必要ではないかという提言があり，こうした問題について，農学会としては，今後検討していかなければいけないであろう．

　総合討論では，各講演者に対する個別の質問については，それぞれ，時間の関係で深く説明できなかった点であって，それらについては，本書の中で十分説明されるであろう．いくつか総合討論の中で出てきた話題を紹介しておく．津波被害を受けた田畑にイヌビエなどを中心とした雑草が繁茂している問題については，当然，それらの種が塩耐性を持っているということがあるのだろうが，例えばイヌビエ類にしても，品種によって耐塩性に違いがあるのかもしれないということ，また，雑草の繁茂は，海水に含まれる微量元素などによる栄養豊富化も（塩の害とは別に），影響があるのかもしれない，と紹介された．放射能汚染された食品の流通，或いは，その安全性について，町の人達にどういう説明をするのがいいのかという質問に対して，安心を説明するのは難しい問題ではあるが，やはり説明の根拠として，生産物のトレーサビリティーが重要ではないかという説明があった．また，被災地のコミュニティーの復興のために，大学関係者として出来ることは何かという質問に対して，研究者が上から目線で現地にものをいってはだめだ，むしろ，出来るだけ学生などを連れて現地に行ってみることが重要だという答えがあった．また，コミュニティーの復興は，住民自身の取り組みが主体であり，それを周辺から支援することが，私たちの出来ることであるということもいわれた．さらに，会場からの質問で，今回大震災の教訓を受けて，市民として出来ることは何か，また，過去の津波の被害はなぜ忘れられてしまったのか，という質問が寄せられた．こうした質問について，講師からは，津波の記憶は地域によって異なっているようだ，ということ，また，私たちに出来ることは忘れないことである，そのためにも，若い人たちに現地を見てほしいと言う発言があった．私たちはとかく，マスコミが報道する事件は，時間の経過と共にすぐに忘れてしまう．しかし，大震災がこうした事件と同じであってはいけない．今回起きたいろいろな事実を私たちは忘れることなく，現地の復興をいろいろな点で，継続的に支援していくことが，それぞれの立場で必要なのではないかという思いを

新たにした．

　最後に，これは極めて重要な指摘であったが，かつてビキニ放射能事件があったころ，農学研究者が土壌から植物への放射性元素の移行などについて，詳細な研究を行っており，今回，農産物の安全性などについて，的確な方針が出せたのは，そうした研究のおかげであるという指摘があった．発言者はその研究者の氏名を述べなかったが，じつは，それは，東京大学農芸化学科の植物栄養学・肥料学講座の教授であられた三井進午先生であり，本会元会長の熊澤喜久雄先生もこれに参画されておられた．熊澤先生は毎回このシンポジウムに参加され，当日も来ておられたが，総合討論の終わりのころには，ご都合で帰られてしまっておられた．会場におられれば，コメントをいただきたかった．個人的には，こうした基礎的な研究が大学の研究者としての重要な使命なのではないかと考えている．なお，当日，帰宅すると日本学術会議発行の「学術の動向」2012 年 10 月号が届いており，その表紙は，熊澤先生であった．そして，熊澤先生のご紹介文を，本会副会長の三輪叡太郎さんが，書かれていた．偶然とは言え，こうしたことも含め印象に残るシンポジウムであった．

著者プロフィール

敬称略・五十音順

【磯貝 彰（いそがい あきら）】
　東京大学農学部農芸化学科卒業．東京大学農学部助手・助教授を経て，奈良先端科学技術大学院大学バイオサイエンス研究科教授．2013年3月末まで同大学学長．奈良先端科学技術大学院大学名誉教授．専門分野は，農芸化学・生物有機化学，植物生化学．2008年度文化功労者．

【板垣 直行（いたがき なおゆき）】
　東北大学大学院工学研究科博士後期課程中退．東北大学工学部助手，秋田県立大学システム科学技術学部講師を経て，現在同准教授．専門分野は，建築材料学，木質材料，木質構造．

【大熊 幹章（おおくま もとあき）】
　東京大学農学部卒業．東京大学名誉教授．専門分野は林産学・木材利用学．

【小笠原 勝（おがさわら まさる）】
　宇都宮大学農学部農学科卒業．（株）イハラグリーン，徳山曹達（株），宇都宮大学農学部助手を経て，現在，宇都宮大学雑草科学研究センター教授．専門分野は雑草学．

【西郷 正道（さいごう まさみち）】
　筑波大学第二学群生物学類卒業．農林水産省，外務省，内閣府での勤務を経て，現在，農林水産省農林水産技術会議事務局研究総務官．

【南條 正巳（なんじょう まさみ）】
　東北大学大学院農学研究科農芸化学専攻修士課程修了．農学博士．農林水産省農業技術研究所，農業環境技術研究所，東北大学農学部助教授を経て，現在，東北大学大学院農学研究科教授．専門分野は火山灰土の特性・生成・分類・利用，土壌–植物相互作用．

【広田 純一（ひろた じゅんいち）】
　東京大学大学院農学研究科博士課程修了．東京大学助手，岩手大学講師，助教授を経て，現在同大学農学部教授．専門分野は農村計画学，農業土木学．

【眞鍋 昇（まなべ のぼる）】
　京都大学大学院農学研究科博士課程終了．農学博士．日本農薬株式会社研究員，パスツール研究所研究員，京都大学農学部助教授を経て現在，東京大学大学院農学生命科学研究科教授．専門分野は畜産学，家畜繁殖学．

【八木 信行（やぎ のぶゆき）】
　東京大学農学部水産学科卒業．1987年農林水産省入省．米国ペンシルバニア大学ウォートンスクールにて経営学修士（MBA）取得．論文審査により東京大学にて博士（農学）．在アメリカ合衆国日本国大使館勤務，水産庁勤務を経て，現在，東京大学大学院農学生命科学研究科准教授．

R	〈学術著作権協会委託〉		
2013	2013 年 4 月 5 日		第 1 版発行

シリーズ21世紀の農学
東日本大震災からの
農林水産業と
地域社会の復興

著者との申
し合せによ
り検印省略

編 著 者	日 本 農 学 会
発 行 者	株式会社 養賢堂
	代 表 者 及川 清

ⓒ著作権所有

定価（本体1905円＋税）

印 刷 者	株式会社 丸井工文社
責 任 者	今井晋太郎

発 行 所　株式会社 養賢堂

〒113-0033 東京都文京区本郷5丁目30番15号
TEL 東京(03)3814-0911 ｜振替00120
FAX 東京(03)3812-2615 ｜7-25700
URL http://www.yokendo.co.jp/
ISBN978-4-8425-0513-8　C3061

PRINTED IN JAPAN　　　製本所　株式会社 丸井工文社

本書の無断複写は、著作権法上での例外を除き、禁じられています。
本書からの複写許諾は、学術著作権協会（〒107-0052 東京都港区赤
坂 9-6-41 乃木坂ビル、電話 03-3475-5618・ＦＡＸ 03-3475-5619)
から得てください。